坦對今生

用且行且思的方式

石祥玉 著

经济管理出版社

图书在版编目（CIP）数据

用且行且思的方式坦对今生/石祥玉著.—北京：经济管理出版社，2018.2
ISBN 978-7-5096-5645-7

Ⅰ.①用… Ⅱ.①石… Ⅲ.①成功心理—通俗读物 Ⅳ.①B848.4-49

中国版本图书馆 CIP 数据核字（2018）第 015835 号

组稿编辑：郭丽娟
责任编辑：王 琼 郭丽娟
责任印制：黄章平
责任校对：董杉珊

出版发行：经济管理出版社
（北京市海淀区北蜂窝 8 号中雅大厦 A 座 11 层 100038）
网　　址：www.E-mp.com.cn
电　　话：（010）51915602
印　　刷：北京晨旭印刷厂
经　　销：新华书店
开　　本：720mm×1000mm/16
印　　张：8
字　　数：90 千字
版　　次：2018 年 4 月第 1 版　2018 年 4 月第 1 次印刷
书　　号：ISBN 978-7-5096-5645-7
定　　价：38.00 元

·版权所有　翻印必究·

凡购本社图书，如有印装错误，由本社读者服务部负责调换。
联系地址：北京阜外月坛北小街 2 号
电话：（010）68022974　邮编：100836

自 序

这个书名纠结了很久，本来想取个吸引眼球的名字，因为当今的网络发展使得人们动动手指就能轻易欣赏到深度美文，指尖阅读和听书盛行，必须承认不搞点噱头想让读者注意自己的书是很难的。但单纯为了卖座而去迎合、讨好读者朋友改变了我写此书的初衷，所以还是让我的处女作素面朝天点吧，人生百态，各取所爱。

提到初衷，我觉得还是简单介绍一下较好，只说几句读者能听进去的。我啪啦啪啦这么不停地敲击键盘直至码出一本书来不是想赚钱，也没打算出啥名，只是觉得想写写自己的真实感悟，自己很享受这个过程，算对自己的一段总结吧。在某个地方曾看到过一句话，大意是要想让自己的生命和思想在这个世界上留下点痕迹，最好的办法就是变成铅字印出来。就是这句语焉不详的话让我萌生出版的想法并付诸行动。

我这么说你们会认为是对出版业以及读者的不尊重吗？写书是个很艰辛的过程，一本书特别是那些能成为经典的名著凝聚了作者无数的心血,甚至被视如作者的生命一般珍贵都不为过,好书都是生命燃成的灰,藏着别人走过的路。这些好书带给后人以精神的洗礼和知识的力量。我写的这个本子就是一个床头读物,既入不到文学堆,更算不进科普类,我所追求的是它能做到彻底抛开任何伪装,用最真实的面目给人以发自心底的喜读感,所以不需要严肃化。还要多说一句,我读的是土木专业,毕业后的大部分精力都用在与路桥施工有关联的工作上,这段看似与写作格格不入的经历反倒助我有了和彻头彻尾的文人们不一样的视角,书中还写了几个新奇的理论概念,可能更符合理工男的思考特点,文人相轻一词也许在这儿失去市场。

你读下去将会发现,本书通篇都是天马行空的写作方式,我所要的就是这种天成的感觉,我认为好的读物应该像山溪一样能够无拘无束地自然流淌。书中经常不经意间出现对内心的叩问和自答,夹杂着基于众生皆平等这一人生观的心灵对话,特别是晚上静静地倚在床头读起来,感觉更像和一个多年未曾谋面的好哥们在酒后聊聊天,或同自己死党闺蜜相互掏掏心里话,你会感到轻松、随意和自由自在,逐渐忘掉自己在读着一本书,也许有种自然而然往下看的意愿,这样的话,我将倍感欣慰。

本书的语言方式有点像网络文学,所谓的散文、杂文等文体归类都是人为划分的,先贤们给我们留下的人类文字性遗产归根结底都是来表达自己的思想情感,或讲述各种故事,达到某种交流或输出自己的价值观等目的,也就是说文体毫不重要。

有位曾一时风靡过的中国台湾作家蔡智恒写过一本《第一次亲密接触》,还曾有人买了这书送给我,可惜已不知去处。当时草草翻了几页,没觉出特别吸引人之处,因为前面提到了网络文学,一下子

自 序

想起来它,动了动念头和这种大范围流行过的书套套近乎,替我免费补点宣传,让读者快速判断本书是否值得带回家,别卖相太惨,结果百度了一下此书全文,发现不大符合我的文风,我的书中略带韩寒、郭敬明、周小平等文学新秀一丁点儿影子吧,但更通俗些。

就以这段文字为序吧。

2017 年 9 月于卡萨布兰卡

目录

01 写在前面 / 001

02 也谈理想 / 003

03 财富、身份地位能带来的幸福体验 / 009

04 我的是非观 / 015

05 从朋友到知己需要多久 / 019

06 自己想要的婚姻谁能够给 / 023

07 悦己和利他有矛盾吗 / 033

08 想办成自己认准的事，需要去做什么 / 037

09 艺术是个好东西 / 043

10 跨界和格局，向广深丰盈自己 / 047

11 生活要丰富多彩，否则怎会热爱 / 053

12 别怕花钱，兴许钱越花越多呢 / 063

13 多学通一门语言，会改变你的人生轨迹 / 073

14 平民的后代能教育成精英吗 / 077

15 信息科技时代，忠孝不再难两全 / 087

16 人工智能不是洪水猛兽，可以这样拥抱未来 / 091

17 爱国是一种什么样的情感 / 097

18 让自己每天快乐得不要不要的 / 105

19 等老了，能说句此生值了真好 / 109

后记 / 117

写在前面

开宗明义，聊表心语。

夏花之绚烂，秋叶之静好，都是人生旅途中在不同的站点看到的风景，晚年之淡定和从容，亦如青年之拼搏与激情，都是上天赋予生命的意义，有如溪流和山泉，一脉相通，一一流经。

理应不惑的我在春还是进夏，入秋抑或向冬，全在于自己留恋哪站的风景。同龄人中有的观望着稍长者花与叶的彷徨，有的回看着略幼者蕾与瓣的迷茫，我由此理解了中年的砥柱担当。

我们这代人有责任告诫年轻的笑靥，如何起飞；有义务劝慰风霜的沧颜，该要放手；更需要摆正自己的方向，岁月给了我们成长，我们要学会展翅，积淀不是用来沉淀的，如弓，压下去的都是力量。

用且行且思的方式，才能活出真实和自我，才能俘获心灵深处的阳光和快乐。只有目标明确、信念笃定的理想生活才最有可能实现，只有经过深刻思考、早早规划，一步步付诸行动的人生才最有可能拥有精彩，精彩后的你才会对人生有洗尽铅华的坦然。

人生如梦，阐明梦想造就生活；人生如戏，诉说演绎照亮世间。伏枥的老骥还意谋千里，大好的中年更何谈说晚，语不多言，意会入篇。

也谈理想

还记得小的时候，老师在黑板上布置作文，题目是"我的理想"，懵懂的我们按照老师的提示或范文，纷纷写什么科学家、解放军等，当完全成年后，这一概念才真正清晰，理想就是自己想成为的人。

但是我们中间有多少人成为了想成为的人，又是什么阻碍了我们实现自己的理想？

这个问题问得有些大，当然不会有人去听抄录的或说教式的回答，因为每个人都有不同的人生际遇，不同的家庭背景和个人努力程度，这个命题可以说是个伪命题，但又是一个朋友间聊天绕不过去的话题，那我也来谈谈自己的一些结合身边生活实例的看法。

姑且把理想作为开篇，是因为先要分清方向和勤奋的关系，通俗点讲，就是思考走路和看路哪个更重要。有的人一辈子埋头苦干，最后攒下了微薄的工资或一点可怜的粮食，有的人潇洒了一辈子，到老了仍然钱花不完，养老不愁，满世界逛悠着去旅游，或者脖子上挂个相机搞搞摄影，子孙后代也大多有出息，都不用去操心，所以放心地畅享惬意人生。有人就要说出身论，出身这个东西固然很重要，但这些幸福的人群中都是出身于非富即贵的家庭吗？显然不是，完全靠个人奋斗成功的例子比比皆是，我身边同龄人里就有很多，比如开公司、开店赚了数目非常可观的银子的；进了大公司或一些机构后而立之年不久就干到高管的。这群人手上资源一大堆，自己有思想有头脑，年富力强，多才又多金。而有些曾经的同学却平庸到路人甲、路人乙。

对于起点相当的人是什么造成这种巨大的差别，智商、情商抑或新洋词"Grit"（就是毅力、勤勉、意志力等的综合概念），哪个出现了余额不足？其实都不尽然，有个美国父亲曾对自己孩子说过"要记住永远不要轻视别人，因为不是每个人都拥有过和你同样的条件"，想说的是人和人之间的原质性差异并不大，就像很多市委书记同样能当好省委书记，但可惜他一辈子连省委常委的门槛都迈不进一样。请相信很多不同的人生道路就是际遇不同造成的，这点认识是培养自信心的一个基础。

有的人不停地埋头赶路，却忘记了去抬头看看路通向何方，方向的重要性是不言而喻的，有的人在崎岖的山道上踽踽前行，走到柳暗花明之处却发现别人早已等在那里，别人高明在哪里？人家早看见有

也谈理想

条新修的公路就在你旁边拐过去不远。咱们其实体力相当,但我眼界高你一点,就能甩你远远。

思想或者说理论总是听起来很玄虚,但掌握它的要义非常关键,这就引申出一个人生规划的现实性问题。

好的人生需要规划,而且得尽早。

古人说过,人无远虑、必有近忧。等到自己端起保温杯泡着枸杞水的时候才发现,现在的生活我不想要,但我还转不了身,内心的悲哀只有谁喝谁知道。人生的规划不仅仅指事业,婚姻、育儿等都在其中。

怎么早早跳出人到中年被命运绊住脚的牢笼,那就要趁早发现自己将来可能的火苗,先小火慢慢煨着,自我提升的同时再去等待机会。机会都是留给有准备的人的,不先磨好金刚钻,有了瓷器活也轮不到咱们去揽,但如若从没想过自己还会瓷器活,就会忘了去磨钻。

前文提到实例,不便举别人的,就举自己吧。我的身边有一大帮在工地上奔波的年轻人,抛妻舍子那是工作需要和国情使然,无法避免。这些同事们常常抱怨,离开了工地能去干点啥?如果存在这种想法和心态,对美好未来将会失去信心,不仅如此,不排除还会产生深深的危机感。因为随着年龄的增长,特别是在职场里,迟早要被时间淘汰,更年轻者以旺盛的精力、不打折扣的服从和日渐丰满的羽翼等天然优势不断冲击着中年职场人的职位,这些占据职位的人扪心自问,自己是否真的拥有丰富的经验、精湛的业务或独当一面的掌控力?相信答是和答否的兼而有之。

这样的话题是草根者的话题,工地的字眼或让某些自感身份优越的人嗤之以鼻,但对一个众生平等思想的坚定拥护者而言,坚信穷人

坦对今生
用且行且思的方式

任何时候都有追求并成为富人的权利,社会阶层的藩篱总有编不住的缝隙,真正的才学永远可以撕开藩篱的口子。寻求更高层次的突破出路何方,我认为那就是通过不断地充盈自己,展现出可以兵分多路人生突围的本领,这时的内心会感受有股强大的力量在汇聚。

对企业的感恩和忠诚是从业者不可或缺的品质,这也是即将踏入新的职场招聘官必须去考量的因素。还有一种是利用任职时获取的资源创业,这也比比皆是,那是又一种人生道路,有能力让自己活得更好就去做好了,别人本就无权站在道德制高点去苛责。如果给自己早早悄然铺下了许多条路,换来的将是笑看人生的从容和豪迈,这无可厚非,因为我能永远不意味着我做,但当有一天,外界给了我离开的理由,我可以骄傲地背起行囊,这和我想做却做不到是完全不一样的感觉。

企业或者其他社会机构是什么?那是不同的平台,它们的社会使命就是给大家提供一个个书写人生的大小舞台,好的企业和机构都不可能去阻拦自己的员工去登攀更高的舞台,所以鼓励员工谋取更好出路的企业都是有胸襟的企业,她的包容和善意会助她做强。

讲述一个仁者见仁的故事:一名男子整日在海边垂钓,另一长者观察许久后上前搭讪,问垂钓男:"你年纪尚轻,为何不租条船出海,可以赚很多钱。"垂钓男反问:"钱多又如何?"长者答:"攒足钱可以买条游艇,过上富人生活。"男子又问:"然后呢?"长者答:"可以悠闲地海边钓鱼。"男子哈哈大笑:"我今天不是正过着这种生活吗?"

这个故事貌似垂钓男子看透人生,实则不然,把游艇停放一侧去钓鱼的悠闲和为一顿美味去钓鱼的心情能一样吗?放着高档汽车不开

也谈理想

为了锻炼身体而骑自行车去上班和买不起车只能骑车上班内心的感受能一样吗?

大到一个民族小到一个个体,对美好未来的追求是天性使然,有了努力可达的目标才有源源不断的动力,整个人的潜质才会被充分激发出来,这个目标是个从模糊逐渐到清晰的过程,这个越来越清晰的过程能不断激励斗志。

创业者们辛苦吗?当然辛苦,没人让他们加班,他们都能天天干到大半夜,第二天一早屁颠屁颠地又去跑业务,但如果你问他们觉得快乐吗?我想肯定的答案要超过否定,因为他们是为自己而忙,内心充实而满足,成就感层层叠加,没有不快乐的道理。他们在一步步接近自己想成为的人,最最关键的是,靠的还是自己的力量。

东拉西扯了这么多,早过了黄金五分钟时间,那就简单总结一下:

理想是个逐渐具象的过程,在自己成长的过程中,通过不断观察自己所能接触范围内的周围的人,会发现有些人过着你渴望的生活,你和他们之间并不存在无法逾越的鸿沟,那么他的今天就是自己的理想。

每个人都要经历各个人生阶段,怎么成为想成为的自己,早点想,早行动,每个人都会有所专长,那永远不要自己埋没它。没时间都是借口,工作是永远干不完的,除非永远闭上双眼。多做自己认为有意义的事,那都是为自己的幸福人生打下的铺垫,没有白走的路,别到了规划不了的年纪,到了输不起的那一天才想起自己已无法成功转型。

人要活得洒脱,就不能被生活压力太多地去羁绊,第一要务就是必须特别注意培养和提升自己选择或者是说不的能力，打造好起码的经济基础。非常推崇龙应台女士写给儿子安德烈的一段话，摘录在此吧：

"孩子，我要求你读书用功，不是因为我要你跟别人比成绩，而是因为，我希望你将来会拥有选择的权利，选择有意义、有时间的工作，而不是被迫谋生。当你的工作在你心中有意义，你就有成就感。当你的工作给你时间，不剥夺你的生活，你就有尊严。成就感和尊严，会给你快乐！"

就这样吧，再唠叨要惹人厌烦了。

财富、身份地位能带来的幸福体验

有些人常沾沾自喜地想:有钱人不见得生活得幸福,我身边有温柔的妻子/疼我的老公、可爱的孩子和一份勉强温饱的工作,我很满意自己的生活,我觉得比他们更幸福。

但问题来了,弱弱地问一句:你体验过有钱人的生活吗?或者更尖酸一点,你体验过通过自己努力奋斗过上有钱人的生活吗?他们不幸福是谁告诉你的?是某些文章意淫出来的吧。

此处无意贬低任何人,谁也没资格妄加指责别人的世界,仅是出于激发斗志目的和铺叙更高境界追求的写作需要。

财富、身份和社会地位当然能带来幸福感,而且很浓烈,它有用，是用来奠定自己的前半生。但这里面是分情况的。

举个例子，某女模特或拍个片子红了一下下的某女星，靠姿色嫁入豪门，自己没掂量明白自己的分量，被人家当花瓶捧到了家里，然后用各式炫富填补内心的虚荣。这种财富带不来幸福，因为她从没有真正拥有这份财富，仅仅是别人赏了几张信用卡而已。身份也谈不上，那是绑定和依附在别人身上的身份，算个有身份证的人吧。至于地位，那只有自己心里最清楚了。所以浓烈的幸福感不是那些拿着别人一时高兴所赏赐的数目不等财富的人能享受和体味的。

当然惶惶不可终日的贪腐分子，良心受着煎熬的市场投机者，权力重新洗牌环境下的权钱勾结旧贵，他们也都无福享受这种快乐。

幸福诚如某些人说的，是一种心灵体验，一万个人有一万种幸福的解读。有句粗俗的话，一群人在排队上厕所，别人都在等着但我先进去了，我感到了幸福。不同的人群对幸福有着不同层次的追求，同一个人的不同阶段对幸福的追求也不相同。从衣食无忧，到精神富足，再到成就感爆棚，增加社会影响力是处于不同人生境界对幸福的不同定义，但越往后者越会感到幸福爆表。

说到这里我开始引入一个新奇理论——金钱是用快乐来计价的。快乐当然也可以说成愉悦、幸福，含义是一样的。就叫快乐论吧。

现实生活中有种让很多人愤愤不平的现象：某歌星、影星唱几首歌或演几部电影，收入几百万元几千万元甚至更多，而我们默默无闻的科技工作者在祖国的军工、民用等领域为民族振兴事业做出了卓越贡献，收入却少得可怜。但如果读者有心，去查查资料，会发现这种社会现象不是孤立存在的，现在、过去、中国、国外都如此，迈克尔·杰克逊、玛丽莲·梦露当年给人们带来的疯狂那是怎样一个铺天盖地和撕心裂肺，粉丝团们掏腰包也同样地疯狂不已。

中国现在实行着市场经济，人家演唱会的门票都明码标价公开售卖，没强迫任何人去买，人家演员的片酬也不是坑蒙拐骗来的，都是阳光收入。就在2017年9月下旬，国家广电总局出台一个新规定，演员的总片酬不可超过制作总成本的40%，其中主要演员不超过总片酬的70%，其他演员不低于总片酬的30%，以整顿市场之名动用行政手段进行了干预。国家治理者们感到了演艺圈的出格，需要平复一下民心。

有一句有哲理的话，存在的即是合理的，上百年的存在更是合理中的合理。这些艺术家/艺人给粉丝们带来的是精神世界的愉悦感，金钱本来就是快乐的支付凭证，买演唱会门票或者电影票就是在购买快乐，谁给我快乐我给谁钱，是不是天经地义？而受众多了，基数大了，钱自然就多了。

为了检验这个理论的真伪，不妨脑洞再开开，放开了想，我们手上的钱是如何获得的，是不是因为通过人类活动创造了价值，那为什么会有价值呢？是因为有了产品，这些产品最终又都是服务于人类的，市场挑选的结果必然是更实用的，即给人们带来更多便利，让人们更能产生轻松、舒心感觉的产品才能存在周期更长，对应的价格也更高。然后就好理解了，你的钱就是通过给了别人快乐换来的，你花出去的钱买回来的也同样是快乐。当你带着钱去购物、旅游、吃喝玩乐时，是不是买回了各种各样的快乐和满足？

这一理论足以完美地解释大量的社会现象。

先暂回到上面的话题，科研工作者兢兢业业，功勋卓著，但他们从事的领域之高端根本不能被普通民众所理解，民众们没体验到任何

坦对今生
用且行且思的方式

快乐，当然出钱出不着，也自然关注不着。比如2017年8月8日，国际知名材料学家柯俊院士溘然与世长辞，关注的人少之又少，有些媒体再次刊出科学家不如戏子云云。我们来看看下面的名词："贝茵体切变机制和理论""普朗克定律用于非同温黑体平面的尺度修正式及一般的非同温三维结构非黑体表面热辐射在像元尺度上的方向性和波谱特征的概念模型"。这是什么东西？关于科学家的贡献任何人都不存在异议，待遇问题由国家来定，而对于一名卓越的科研工作者，他会看重网上追捧的虚名和些许钞票吗？答案我想是"呵呵"二字，境界不同罢了。有些媒体的煽情宣传是否经过理性思考，有没有抓住问题的本质？兴国安邦之栋梁的确不是这些给人们带来了无数欢笑的文艺工作者，但需要媒体挖掘的是娱乐业背后有无违规操作之类的黑幕和不当的暴利，而不是助澜式地制造喧哗，瞄准晾晒在阳光下的东西很可能批判错了方向。

当然有些如邓稼先、钱学森等老一辈科学家，他们的名字同样被全国人民所熟知，因为他们的功勋民众都能理解，这完全符合社会传播学的规律。当科研成果一旦产业化，给人们切实带来美好体验时，那商业价值自然有了，至于落到研发者口袋的收入有多少就看分配制度了。

对于唯心主义者，快乐论也能完美诠释世界是虚幻的这一核心思想；对于以人为本理论，和快乐论中的最终服务对象是人的观点完全契合。中国老百姓喜欢存钱，是因为对未来缺少安全感，存在银行里的钱还不是用来交换后半生的快乐吗？

运用好这一理论，或假哲学之名拔高一下，真能指导很多人类社会活动。比如去和别人商务谈判，你先想到把会议安排在对方便捷的

财富、身份地位能带来的幸福体验

地点、空闲的时间、喜欢的环境，就离成功近了一步；你想送对方一件礼物加深感情，去精心挑选对方从心底喜好的东西，选择方便收下且不至于产生误会和不快的场合，说着对方听着心情舒畅的话，可能离目标又近了一步。为什么做这些事会增加成功的概率？因为你已为对方预支了快乐，对方最后以签订合同让你获利来回报，利润表现为金钱，偿还你付出的快乐。

还有句古训：君子爱财、取之有道。拿走自己该得的一份，换来的是心安，胜过提心吊胆。关于财富，有个时髦的说法称为财务自由，这同样没有固定标准，我来描绘一下财务自由的场景：

路过一家商场，进去随便转转，看到一条裙子很漂亮，随意地翻翻价签，叫来营业员让直接包起来，家里裙子很多，买它就因为觉得好看；晚上回到家，拨弄手机，偶然看到附近新开了一家特色餐馆，有自己喜欢的菜，马上下楼开车直奔而去；第二天早晨醒来，朋友圈里有人发图，西班牙有场球赛里面有自己喜欢的球队，看看时间来得及，直接从网上订张机票，按时出现在那家体育场馆；妻子回来说，有个少儿培训班家长都反映不错，第二天就交了报名费……

上面对中产阶层财务自由的理解，浅陋之处还请看官多多包涵。这样的生活幸福指数当然高过节衣缩食的恩爱夫妻，但需要背后付出奋斗和拼搏，和在正确的道路和方向指引下的勤勉、笃定、持之以恒。

切换到身份地位，人的社会身份或标榜的，或推举的，或文件任命的，地位是大致与之匹配的。当一个人对外公开的身份地位是众望所归、名至实归、舍我其谁时，那份坦然与淡定、从容与稳健将是由内而外散发的，或者称为气质、风度。为什么有些人走上了一个岗位

坦对今生
用且行且思的方式

特别是领导岗位后要频繁使用巩固一词，因为只有心悦诚服的尊，深骨入髓的敬，才是来自别人内心深处的尊敬。获得这份尊敬赢得的美好体验是深深的自我认同。当能做到这个程度时，才能从心底做到挥洒自如地安排人、安排事，不会去担心执行的效果，不怒自威大致也是如此境界吧。怎样做到这一点，我想资本是自身的修养、丰富的学识、高人一等的眼界、相互之间的尊重。尊重是互相的，这是颠扑不破的真理，没有最后一点，前三点都是浮云。

人来到这个世界上，赤条条地呱呱落地，走的那天就是块膨大了的皮囊，带不走任何东西。这个世上本来人与人之间就互不相欠，如果一定要说到欠，那就是欠父母一点点，为什么人心尖儿向下，还不是因为都是上一代更疼下一代嘛，永远子女亏欠父母多一些，或许是世道轮回吧。既然互不相欠，就不能随意发号施令，先尊重对方内心的想法，自己手上的权力不是神授的，更不是万能的，安排事情一定要公正、合理、服人，没有人该为自己付出，众生平等。平视是最好的尊重，谄媚得来的永远是蔑视，颐指气使换回的是克制后的顺从。单纯靠文件任命得到的职务是很轻的东西，钻营来的更不值挂齿，当才识配得上这个职务时那才挺得起腰杆，自内而外散发的从容才让占据职务者坦然笑看困难和挫折，轻松梳理出应对之策，否则那种时刻担心失去职位，面对掌控人事大权的领导时堆笑的奴颜只会不断自感卑微，精彩将离你远去。

财富、身份地位只有取回应得的一份，当得名副其实时才是幸福和快乐的，将满满地收获安心与踏实，尽管这些身外物最终带不走，但照耀了生命的历程。

我的是非观

是是非非都是卡的人定的标准，对错都是有前提的，郑板桥先生题下千古名句"难得糊涂"，可能是浓缩人生后对是非的最好注脚。

郑公笔下的糊涂和日常所说的不明事理、不会判断那不是同一个时空维度里的概念。

前一篇的闲叙结尾处语调有些沉重，为了缓和，我先讲一个有趣的故事，变换一下画风。

曾经有一个叫大卫·斯莱特的英国人到印度尼西亚的热带雨林中摄影，发现一种取名为黑冠猴的猴模仿能力特别强，然后他尝试着去教会猴子自拍。猴子拍的照片里大部分是不能用的，但有几张自拍照视角特别难得，于是喜滋滋地挂到网上以1000英镑一张的高价售卖。

神剧情出现了，美国有个牛掰组织隆重登场，一纸诉状寄到了大卫家中，自称取得猴子委托，告他侵犯猴权并要求停止侵犯，具体侵犯的是肖像权及著作版权。这位一脸懵逼的英国佬，面对西方令人生畏的法律体系只好硬着头皮去应诉。

灾难来了，随着审判的深入，保护猴权的这个组织上天入地，神奇地从那片森林里找出了一只猴，然后不断出示各种证据，一众专家也粉墨登场，进行各种指标测试，就是要证明他们找到的这只就是自拍猴。

英国佬不服气啊，这怎么可能是我那天遇见的猴，肯定弄错了。于是停下了工作，疲于奔命地应对这个庞大的拥有二百万名有钱又有闲成员的美国善待动物组织，生活陷入困顿。

经过两年的审理，法庭宣布：此案怪诞离奇，猴子不存在版权，也无法证明有真实委托意愿，大卫没有侵权。但事实已辨明，这些照片大卫无权出售，应供全部人类免费欣赏。

面对哭笑不得的大卫，这时熟悉该组织运作的明白人出来说话了，对方根本不关心对错，只是借此教育一下世人，不要去打扰猴子平静的生活，因为大卫的作品已导致很多闲人纷纷跑去教猴子。做这一切旨在保护动物，无他。

大卫的错就错在非要争个对错。

相信大家不会有人去考证这个故事的真伪，因为这会陷入和争论猴权是非同样的圈套。但揭示了一个人生的道理，彻悟后会发现在人伦社会里对与错的界限在哪里是根本说不清的：希特勒发动纳粹主义战争，勃兰特在犹太人死难者纪念碑前双膝下跪，岳飞、秦桧、赵构

我的是非观

一生的所作所为，李鸿章、曾国藩等人的主要经历，等等，这些是一个对字或一个错字能解释的事吗？不懂的朋友请去问真正的历史老师，注意千万别去问照本宣科的教员，人所处的时代、环境、立场等不同都将导致对变成错，错变成对。

至于自然科学领域，从地心说到日心说，多少前人曾经的光辉思想被后人拍死在沙滩之上？那唯心论是不堪一击的理论吗？元芳同学你对量子理论又是怎么看的呢？独立思考之精神才是社会进步的内在力量，学习知识的同时还要记住一句有用的话："纸上得来终觉浅，绝知此事须躬行。"

从遥远回到现实，树立正确的是非观在每个人的周围都将产生明显的影响。

如果身为一个领导，下属来诉说他人的不是，首先要做的当然不是跟着他一起数落或指责，只需静静地听就可以了，事后再多方核实，越多越好，兼听则明，这时才可以作出一个仅仅能称为大致公平的结论。

如果身为一名下属，那就更不能议论领导的是非，因为自己怎么可能看到领导的全部呢，你能确信知道领导的全部意图？这都做到了怎会一直被人家领导了呢？注意说的是一直，因为一时是可能的。这种妄断能让自己展露出的除了无知还是无知。对于自己同层级的同事、同学、战友或熟悉的亲朋，在没有充分了解对方之前，无论人前人后都不能议论是非。

如果做到上面说的，恭喜你，你良好的人际关系将为你充满快乐的生命水池中再注入一泓甘泉。

从朋友到知己需要多久

生活中经常有人在遇到挑衅,自己不能独自解决时,脱口而出"谁没几个朋友啊",但没听说谁挂嘴边:"谁没几个知己啊?"这说明一个问题,朋友易得,知己难求。

人活在这个世上,不是孤立存在的,从小靠父母,长大靠朋友,此言一点不虚。人对知己的渴望是寻求生命认同的需要,什么才是知己?通俗地讲,就是对着一个人能够畅所欲言,什么话都可以毫不避讳地说,那个耐心听且不断从心底点头的人就是知己。因为对方懂你,所以既不会责怪你,也不会出卖你,不会将你的掏心话廉价地传给别人,尤其不会传给可能对你造成伤害的人。知己在一起,一个眼神、一个动作、一句不便言明的话；一个做法、一个态度、一段难以继续的情，相互之间已拥有的默契和理解，使得这些都变得无须言语解释。

听起来，这种关系要胜过谁都会有几个的朋友，今天我们就来谈重点，说知己。

首先要说的是，知己是求不来的，因为这是靠两个人心灵相通才能做到的，是人和人之间除了血缘外最珍贵的感情，亲密程度有时甚至超过了感情浅的夫妻。古人有句话说道："士为知己者死，女为悦己者容。"这大概是因为男权社会的缘故，悦己何来？喜欢嘛，喜欢到极致就成了知己，二者仅略有差异。

男生能把生命都搭上，女生肯把时间全搭上，自然不是一般的情感，那份珍视是发自心灵深处的。有人狭隘地想，此生有一两个知己足矣，因为每个人最深沉的秘密是不能和太多人分享的，那会将他的缺点、弱点一同暴露出来，这会很容易遭人攻击，进而在社会上丧失很多已得的东西。

但很少有人想过，这个世上是不是可以拥有很多知己。这就要看自己的心态和交友的方式了。极具诱惑的是，如果你有了很多的知己，那么你已经不是一个人在战斗，因为有一大波人和你休戚与共，永远地站在一起，被感情盔甲全身武装的你还有什么可畏惧的呢？

我觉得对于很多人来说这点真的能够做到，关键是看如何去做。很多人这个措辞还是有点讲究的，因为有些人天生心胸狭窄，无德无量，确实勉为其难，此话题无法涵盖全部的人。很多人指的是很多心胸宽广，以诚相待的人，因为他们具备了交到很多知己的基本品质。

也许有读者朋友对我这么一个无名之辈谈此话题感觉可笑，但在

从朋友到知己需要多久

此首先纠正的一个问题就是,在了解对方之前轻视对方是犯了大忌,这一句可受用终生。当然此语并非说自己有什么过人之处,但道理是必须坚持的。对于未笑看此事的读者权当没说过。

知己是朋友关系的升华,成为知己的前提条件是做朋友。朋友并不是随便说做就做的,相互认识对方、一起喝过酒或者一起逛过街那离做朋友还有段心路,朋友关系的建立离不开志趣相投,现实生活中还需要大致接近的生活圈。这一点相信大家都非常认同,也深有感悟,一个知识渊博的人怎会和一个目不识丁或略通文墨的人以朋友相称,一个文人雅士怎会和一个庸脂俗粉共度良宵,道理是不言自明的。

回到标题的发问,从朋友到知己需要多久,我的理解是可能一顿饭、一件事、一场酒、一席话,就是说可能仅需要一天,特定环境下的一天。

对于以诚相待的人,一天甚至都长,对于钻营巴结的人,一辈子也太短。人和人之间,要心眼维持的良好关系是不可能持久的,俗话说得好,"日久见人心",当今社会,人的敏锐已到了不需日久的程度,心机男、绿茶婊其实分分钟已被别人看穿,只不过有些人碍于情面,不愿当面点明戳穿,仅局中人不自知罢了。中年以前,人还容易被自视聪明所蛊惑,岁月是最好的老师,当年轮爬上额头,明澈已然照遍一颗颗历世的心。

如果有了上面的共识,知己将真的不再难求,因为人心向善,因为美好事物人所共求,已做上朋友的两个人,志趣上、价值观上本不会差异太大,社会阶层也会较为接近,也就是常说的志同道合,个人的兴趣爱好那不是障碍,交心则成了关键因素。酒后的交心话,遇事

坦对今生
用且行且思的方式

的真情谊，真心会换真心，知己就差一个深层次的相互理解，人和人之间哪有那么深的鸿沟，逾越就在一纵间。但千万别想着利用和耍弄别人，这样很危险，后果是不仅得不到知己，连朋友也没得做。

知己就是朋友中的朋友，是生命中最坚强的感情支柱，知己和朋友一样，都是交出来的，把握好那倾心付出的一天，满怀感恩地去善待每个人，在付出的时候别总想着回报，有一天你会慢慢发现，朋友和知己之间界限已模糊。

自己想要的婚姻谁能够给

"婚姻是爱情的坟墓，但没有婚姻爱情将死无葬身之地"这句俏皮话曾经被广泛流传。婚姻它就是爱情的最终归宿，不论你羡慕与否。

特别是2017年，在各个活跃的公众号里大量的文章写到女性独立的话题，比如女人包揽一切家庭重担的苦水，并发出要男人有什么用这种喟叹。在女性地位全球领先的中国，这种声音的广泛共鸣正式终结了"直男癌"时代。要想在中国混，暖男是标配，渣男是累赘，尊重女性的男人已不能用聪明来形容，要换个词叫智慧。

这个世上无论男女，婚姻对于人生都是件大事，独身主义者昨天、今天、明天都不值得提倡，且不说违反了最基本的自然规律，违反了人类生息繁衍和社会结构稳定的规律，就说一点那得和伤害过自己的异性结多大的仇才能下决心放弃一辈子幸福。彩虹的世界我不懂，不懂的领域我不评。先压住感性的心，拿起理性的笔，剥开了看看婚姻的本质。

结婚到底是怎么回事，不妨试着踏进不同的国门去看看，不论什么种族、肤色、宗教信仰、语言，形形色色的人群里都有着历史悠久的婚姻制度，而泸沽湖畔的阿肖现象完全不足以影响人类社会都是由婚姻结成的一个个家庭组成这一洪洪大势。这个事实已经证明了一点：结婚是对的。

社会发展的原动力是什么？两个彼此相爱的男女，产生了一个爱情结晶，肯定希望这个延续了自己生命的后代长大后生活得幸福美好，有婚约和没有婚约相比，哪种更能保障这一点呢？肯定是有婚约。结婚证书仅是一种形式，仪式化的约定也同为广义的婚约。婚姻是人类出于繁衍、保护后代的需要自然选择的产物，所以它在任何时代任何国家都不会被推翻。正是有了婚姻，才保证了千千万万个家庭为各自的未来努力奋斗，实现了从家庭到家族再到民族的兴旺繁荣，这就是社会发展的原动力。

认识到结婚是无比正确的人生决定后，聪明的男女们就别胡琢磨自己怎么单过，还是老老实实地用心想想怎么打造自己想要的婚姻吧。

嫁鸡论虽然用禁锢思想的方法有效维护了中国封建社会诸多朝代的家庭稳定，但终归是个过时的东西，前面已说过，是被终结了的糟粕。排除那种政治联姻，本文所指的想要的婚姻是普通人追求的美满

自己想要的婚姻谁能够给

婚姻，只和幸福体验有关。

两个人从相识相知到相互欣赏倾慕，到相恋难分，再到通过庄重仪式新组建一个融入夫妻双方整个家族的小家，这是夫妻关系最自然、最稳固的发展过程。步入婚姻殿堂前要首先无比清醒地明确认识到一点：平等是一切美满婚姻的前提。

广义的门当户对理论永远不过时，加"广义"二字，指的是准夫妻中一方暂时的穷酸可被精神的富有弥补，因为没带来人格卑微的穷酸不是真穷，这种穷小子很可能是只潜力股，如果新娘练就一双慧眼，识得这种如意郎君将会收获更加预想不到的幸福。对于一个物质和精神双双落败的穷汉就别当琢磨天鹅肉的青蛙表哥了，你靠巧言令色、靠借来的行头能骗到的姑娘通常成不了给你终生幸福的伴侣，感情的债也是债，以后的人生中你会发现这比钱债更难还。能被甜言迷惑、被假象蔽目的女子，其才识本身也存在很大缺陷。

前提条件满足后，应该意识到只有双方不累的恋爱才最能拥有关系持久的相伴。有的男女朋友在相处过程中不是鸡飞狗跳，就是伤痕累累，虽然中国传统道德中提倡劝和不劝分，但作为自命清醒者，对不起，我要劝当事者及时止损。因为如果两个人觉得相处很累，那肯定是出了严重的问题，即使没发现那问题也是存在的，轻松愉快的关系才能奏出和谐美妙的乐章，自然地亲近，轻松地相处，远胜无休止的折腾，只有前者才是找对了方向。

自己想要的婚姻谁能够给？答案已隐含在前面娓娓的絮叨中，能有谁啊，当然是自己。

择偶的自由要靠自己去把握，亲友团们的好言相劝要听，但自己必须做最清醒的人，选对人是个关键。提到对错又回到是非观的问题

坦对今生
用且行且思的方式

上，选到最适合自己的人生伴侣特别重要，尤其女生。但适婚青年的交友圈有大有小，什么年龄就做什么年龄的事，耽误青春那是和自然规律作对，下面这句话虽然不公平，但现实得让人只能点头，那就是女生尤其不能任由时间的风吹皱脸上的一池秋水，男同胞注重青春靓丽以及生育条件都是造物主的设计，只和荷尔蒙有关，莫冠道德。绕了这么大一个圈，想说的是到了该结婚的年龄，在自己能触及的圈子里挑个最合适的赶快娶了或把自己嫁了，不要总期待梦中的白马王子或美丽公主自天而降，现实生活中都是优缺点并存的一个个靠五谷杂粮、家常菜肴养大的人，完美是臆想出来的虚幻，是不沾地的，当心上了晕轮效应的当。选对人只是个相对概念，仅是选个不是很差的人，宁缺毋滥者往往不幸地抱守残缺到残缺。心心相印，天造地设的幸运结合有，但也只能随缘而得，毕竟这个有是稀有的有。

只要选了个广义上门当户对且不是很差的人，想要的婚姻仍旧牢牢掌握在自己手中。这个差的判定标准非常明确，就是人品差、三观不合，人品差真的是个硬伤，救药很难买，药效难保障。人言道："江山易改、本性难移。"修改难度已堪比改朝换代了，要赔上一生多少精力和能量啊。三观不合可以无疾终掉不计其数的婚姻，你的爱美敌不住他的臭嘴，你的重义受不了她的冷眉，所以想要的婚姻肯定不是这样的，苦逼的事情从一开始就不要去做。

最近看到一个随机街头采访有点意思，主持人随便拦住大街上的年轻女子，问她们希望自己是现男友的第几任，最后一个受访者的回答亮了："至少第三任吧，我把调教好的男友送人了，因果轮回，上天也得赐给我一个被别人调教好的吧。"我觉得这名受访者是睿智的，有过感情经历的，交友方式上可能会比腼腆男生圆通许多，比如

自己想要的婚姻谁能够给

知冷知热，会疼会哄，等等。这某种程度上呼应了前面说的在一起不累的感觉，重要的不是这点，而是这种相处本身就是对婚后是否合适的提前检验，这样选择配偶已趋于理性，天生第六感发达的女生自会识穿甜言蜜语里的真伪，看清言谈举止中的教养。当然面对一位执着热烈的，全心全意的"白纸男"的追求也值得加倍珍惜，需要珍惜的是淳朴真挚的倾慕，绝不可接受对方为了填补爱情真空做出来的痴心。

上面都是些硬充娘家哥哥说出的话，也顺便略提几句男性对择偶的看法，男子选妻除了美貌贤淑外，心地善良、尊老爱幼是比较看重的优秀品质，其实和前面说的重人品是同样的概念，对妒忌心强的女人少惹。男人讨老婆更多的是追不追得到的问题，有经验者都特鄙夷别人的方法论，一头雾水者还是爱讨教抱得美人归的招数，造成这种现象是生理、心理、社会等因素综合使然。

言归正题，在时间冲淡了新婚的喜悦后，锅碗瓢盆曲中的幸福才是历久弥坚的相悦。

这里再次要提平等，它是人性深处的东西。快乐的婚姻中不能有尊卑，一方要总想着压对方一头，那很不幸，时间会让你认错，无论嘴上是否承认。咱们用理性思维冷静分析一下，也算论证。

情形一：强者的一方是男方。可能他在家里说一不二；可能他回到家有精心准备好的热菜热饭，甚至端上泡好的洗脚水；也许他回到家中可以跷起二郎腿看电视或自顾自拨弄手机；也许他可以在自由时间躺在床上爱睡到几点算几点，别人不敢随意叫醒；或者他可以在外面喝得酩酊大醉，回家后妻子连大气都不敢出；或者他可以在外人面前趾高气扬地拍着胸脯，鄙夷地对妻管严们说，我媳妇对我那是服服帖帖的……这些描绘仅是举例，不存在逐条对号入座的意义，大男子主义程度也无须与己比较。

此刻男方的心理可能是自我满足的，那是征服感带来的满足，但活出人生的境界了吗？不知道此句是否把沾沾自喜的强者问出了怔然。这种满足仅是小遇而安的满足。诺贝尔奖得主莫言先生在汕头大学的毕业典礼上曾这样寄语即将走出校门的大学生：希望他们将来"成为自己认为没啥了不起，别人认为你确实了不起的人"。真正的智者和强者，都是虚怀若谷的，我笃信莫言先生在这个毕业典礼上说的又一段话，他说曾在一次北京师范大学的毕业典礼上这样说过："我们不可能都变成马云和比尔·盖茨，当然马云和比尔·盖茨也没有什么了不起，他们也是一路走过来的。"之后被一家媒体以"诺奖获得者说马云、比尔·盖茨没什么了不起"为题写文哗众。莫言评论此事："其实，最同意我在师大演讲那几句话的，我想很可能是马云、比尔·盖茨他们自己。因为他们内心认为自己没有什么了不起。而只有那些没有什么了不起的人才会狂妄地认为自己了不起。"

平实、朴素的话语道出的才是人生的真谛，顶天立地的男人，谁会在家里耍威风呢？这有什么值得向外人显摆的吗？

卑躬屈膝的妻子，不平等的对话，哪有心灵的火花，琴瑟和鸣？妻子的相守那是坚守，是道德观约束下的坚守，即便对男方崇拜有加，或依赖有加，那也不会付出自己最饱满、最深沉的爱恋，因为背后的怨言已稀释了她的热情。自谓的强者已在不知中输给了人生，强变成了逞强的强。带来的副作用是自己的儿女可能带着原生家庭的烙印去复制下一个逞强。

情形二：强者的一方是女方。请原谅我的一针见血，女方的要强都是在掩饰内心的虚弱，要么是经济不够独立，害怕家庭地位不保；要么真的是个女强人，面对窝囊的丈夫，怕家庭受人讥笑；再么就是源自成长环境的市侩和无理了，原形毕露自己缺失的教养。

殊不知，好像什么都说了算的家庭妇女，可能是作为家庭经济支柱的丈夫在用爱呵护着你的地位，怕老婆的很多都是些疼老婆的。女强人们内心并不想这样，那是对丈夫的失望滋养出来的戾气，在女强人这种光环笼罩下，窝囊的丈夫会继续抬不起头，你的不容分辩将再换几声内心哀叹。另外那些跋扈的女人们，你嫁不到美好家庭实际已在不知不觉中认领了上天的惩罚。

论证到此吧，有些扎心，已昭然了。

一个嫁到夫家的女人，爹妈辛辛苦苦把自己养大成人后，在最好的青春年华被一个称作老公的人租个车、摆顿席、放挂鞭、领个本接到家里，一下子就角色转换成了婆家的人，随后忍受着身体的巨大不适又给这个称为老公的男人生下儿女，还要操持新家，除了可能存在一定数目的彩礼外她的确什么都不欠夫家的。

顺便在此插入点法律条文，《中华人民共和国继承法》第十条规定，遗产按照下列顺序继承：

第一顺序：配偶、子女、父母。

第二顺序：兄弟姐妹、祖父母、外祖父母。

继承开始后，由第一顺序继承人继承，第二顺序继承人不继承。没有第一顺序继承人继承的，由第二顺序继承人继承。

本法所说的子女，包括婚生子女、非婚生子女、养子女和有扶养关系的继子女。

本法所说的父母，包括生父母、养父母和有扶养关系的继父母。

本法所说的兄弟姐妹，包括同父母的兄弟姐妹、同父异母或者同母异父的兄弟姐妹、养兄弟姐妹、有扶养关系的继兄弟姐妹。

咦，没有儿媳什么事哦。再看下面：

第十二条 丧偶儿媳对公、婆，丧偶女婿对岳父、岳母，尽了主要赡养义务的，作为第一顺序继承人。

终于找到儿媳了，原来只有老公不在世，拥有传统美德并付出行动的中国妇女才有份继承。

法律的最基本准绳是公平，由此可见，从被最广泛认同的公平角度来冷眼旁观，公婆无权苛责儿媳孝敬自己，婆媳相处之道是以心换心，不是天敌互撕。翁婿、公媳、岳母和女婿之间通常相对融洽，当然也是孝敬赢得爱护的关系。

长篇幅的征引，都是为了下面最核心的观点：自己想要的婚姻是用心经营出来的，互相时刻装着对方，信任对方，不学攀援的凌霄，去做并立的木棉，不求佛前化树，呵暖凉风娇羞。

不知道读此文的你忘了没有，最前面还有个关于聪明和智慧的伏笔，何出此言呢？

一个终日被温柔和爱意围绕着的妻子，她对自己的家庭会有多么眷恋和疼惜，她还会去唉声叹气吗？还会去怨天尤人吗？根据著名的费斯汀格法则（百度上有），这种生活状态下的女人自信、美丽，顺心和安康都将如影相随。这样的日子只会越过越红火，中国老话"家和百事兴"。

下面需要看黑板了，只划重点：

一个爱家爱夫的女人，没有什么力量能阻挡她培养出一个身心健康、活泼开朗的孩子。等孩子真正长大了才会懂得身心健康能给人生带来什么：待人接物的优雅、面对困境的从容、与人相处的真诚、阳光灿烂的微笑，这才是将来安身立命之本，他/她将会内心坚定、广结高朋、左右逢源，那事业有成、实现理想将会水到渠成。有爱的妈妈带大的孩子情商高，即便没有优秀的学业，也一定有优秀的品质，对人生而言品质比分数重要得多。

这点甚至能够打动一个极端自私的丈夫，因为儿女一生特别是幼小时的成长肯定深受孩子妈妈的影响，那善待妻子，也是在善待孩子，善待你的未来。

被尊重和疼爱的妻子，会脱离家庭琐事的牵绊，跟随你一起提升眼界，助丈夫更加成功；会无暇理会女人的猜忌，给自己的男人留有空间，并爱屋及乌地孝敬公婆，赢得双份的社会尊重。

自己想要的婚姻还是否遥远？细细品味，不要去羡慕别人的美，更不能觊觎他人的家，挖掘自己的宝藏吧，智慧的你将会迎接心灵阳光的普洒。

悦己和利他有矛盾吗

关于悦己，是区分于自私的两个不同概念。和自私正好相反，悦己不仅不损人，还利他。

本书倡导的都是积极向上、催人奋进的主流价值观，读者随着阅读的深入会不断积攒满满的正能量。这就是悦己带来的正面效应，它润物无形地感染着周围的人一起向美好未来进发。

取悦自己，是用一双发现美的眼睛观察世界，周围的景还是那个景，美在不同的心境。村头有片小树林，昔日是片和初恋相会的小树林，今日却藏匿了高考落榜时偷偷落下的泪，你抬头仰望满树的枝叶，昔日的勃勃生机是不是变得瑟瑟飘落呢？

坦对今生

用且行且思的方式

当你内心充满阳光和快乐时，生活中的美将会无处不在。甚至路边的石块也变得可爱，挂露的小草也微微含笑。那如何拾获遍地的阳光，让释放的心灵自由飞翔？

如果真想达到心灵的彻底释放，有一个最快捷有效的办法就是经历苦难，以下这篇中学古文各位可还熟悉？

舜发于畎亩之中，傅说举于版筑之间，胶鬲举于鱼盐之中，管夷吾举于士，孙叔敖举于海，百里奚举于市。故天将降大任于斯人也，必先苦其心志，劳其筋骨，饿其体肤，空乏其身，行拂乱其所为，所以动心忍性，曾益其所不能。人恒过，然后能改。困于心，衡于虑，而后作；征于色，发于声，而后喻。入则无法家拂士，出则无敌国外患者，国恒亡。然后知生于忧患而死于安乐也。（语出《孟子·告子下》）

我在写本书过程中时常简化精练所引用到的语言，但此篇前贤佳作字字珠玑，一个字都不舍得减去。我直至亲身经历过一些事后才真正领悟了此文的内涵。

苦难对人的成长推动力量是巨大的，当一个人曾面对过生命的真切拷问后，产生的敬畏和感恩会渗入骨髓。这时迸发出来的对这个世界的热爱之情有如放闸的江水，绵延不绝。此段只写给少数能读懂的读者，觉得是在装高深的大可略过。

回到轻松的话题，面对必须要做的工作，收起自己的抱怨，去发现工作中的乐趣，培养自己洒汗可以酣畅，表格不再晃眼，数字失去枯燥，文章不再难产的能力，那工作就是生活的一部分。其他的兴趣爱好多多益善，做喜欢做的每件事，努力做好它，总之任何事情都不要存在受过感，多和自己最苦难的时光比比，瞬间可以让自己快乐起来。对自己一定要狠一点，狠狠地疼爱。

悦己和利他有矛盾吗

以上是本书对"悦己"作出的描述性定义，如做到把工作当成自己对自己的业绩考核，并制定自己的高标准，你会不自知地成为老板眼中的好员工，不少好事都在等着你呢，未求得来的东西将让自己更加快乐。这里顺便提一下2017年诺贝尔经济学奖得主理查德·塞勒教授提出的"禀赋效应"理论。这一理论可能会让读者重塑一个打破传统观念的积极消费观，后面的文中会有阐释。禀赋效应的核心思想是：当你拥有一样东西之后，你对这样东西的评价会高于你没有拥有它时。意外所得的荣誉或加薪会让努力工作的你在突然拥有的那一刻更加开心不已。

多名诺贝尔生物学和医学奖得主根据自己研究成果存在以下的共识，乐观和生活有目标是长寿的两点秘诀，这种长寿不仅活得时间长，而且质量高。任何事物都有反面，抱怨和压力只会折寿，活得时间短而且是苦短。该作何选择是不需赘言的。

乐观和生活有目标在前面零零散散的东拉西扯中，已不停地重影和交叠，这种不靠取悦别人，能够活出自我的悦己会将快乐的情绪传染给身边的人，大家一起寻找人生的目标，一路结伴砥砺前行，有如现在铺天盖地的中国梦，正能量的集聚会促使大家做成各种原来以为不可能的事，悦己的同时，就这样悄悄地利他。

想办成自己认准的事,需要去做什么

建构起经过自己思考和判断,坚信其正确性的世界观、人生观、价值观体系后,接下来就是考虑如何看事、做事了,一个人的真正成就永远体现在自己能做成多少事情以及对社会有多大的贡献这样的层面上,而不是自己从中得到了多少利益,那些存在自己名下的资产本质上仅是别人认可你打 call 打的赏。群居的地球生命都会不自主地推举一位强者领导自己所在的群体,这是我观察到的一种有意思的自然现象,人类文明史远远短于人类存活史,地球生命的自然属性也同样刻写在人类的基因里。强者都体现在为社会做了多少事的成功上,很现实的例子,马云先生今天在大庭广众下讲如何改变世界,大家都在

坦对今生
用且行且思的方式

认真地听和赞，如果马云今天仅是杭州一名英语老师，他的这些高论会不会被讥笑？

办成事首先要选好努力可达的明确目标，并坚定地认为自己要做的事情是对的、有意义的，认准后再去完成它。这种明确的目标会给人以强大的精神力量，你会调动自己能触及的全部社会资源扫除所遇到的障碍，你的自信会让越来越多的人为你让路。事，就是人类社会活动的简称，你做的每一件事的背后都是一个个真实的人在操控，所以才有要想会做事必须先学会做人这一说法。你的坚定可以动摇对方的拿不准，你做事的过程中会遇到一个个对方帮你还是不帮你的选择，选帮你往往就差自己态度坚定这一点火候。这样坚韧不屈地不断推进想做成的事，你的气势会随着一点点逼近成功而不断增强，最终事实很可能会证明你在一步一个脚印地走向别人眼中的成功，甚至会写下传奇。痞子文学代表作家王朔口中赚点臭钱给傻子们看的成功也是一种成功，即便是出于世俗的显摆，但给自己带来了荣耀，这是人家取得幸福感的成功，成功就爱不留情面地撕碎别人贴上的高尚或卑俗的标签。

文章接了地气才值得去看，否则都是花拳。下面我就写段真实经历来例证前面的观点。

我现在大部分精力用在一个阿尔及利亚EPC模式的高速公路项目上，该项目的组织架构如下：业主是公共工程部下属的国家高速公路管理局，下设西部分局，再下设项目办。一个法国佬挂靠了一家著名美国公司，又联合一家阿尔及利亚当地公司组成联合体获得了监理服务合同，在本项目组建了一支包含着法国人、突尼斯人、阿尔及利亚人、越南人、马达加斯加人，规模数十人的国际团队。我们公司是

想办成自己认准的事，需要去做什么

一家大型省级国企，为适应其国情，被联合了阿尔及利亚两家当地大型国企和一家著名私企组成联合体拿到了该项目的设计施工合同。项目开始后，经联合体监事会讨论和公开招标，聘请了来自西班牙的设计院和来自韩国的设计外监。

阿尔及利亚对很多读者来说可能是一个陌生国度，其实我们也在摸索中前行。我说的这个议标项目当初业主为了容易获得国家立项，故意压低了合同数量减少预算，准备项目开工后走变更路线。阿尔及利亚国家高速公路系统内的大型公共工程几乎照搬了法国的体系和设计施工标准，它们的工程进度款支付有个严格要求，就是每个支付细目都不能超出合同数量，如果实际施工数量超出了合同数量，必须签订正式的补充合同后才可支付。

该项目施工图设计初步完成后，经过多次优化，总量仍超出原合同额比例很大，这带来了项目实施后短期内无法获得全部工程款的重大风险。在阿尔及利亚做过大型公共工程的都知道，阿尔及利亚政府部门的办事效率以及它们审查补充合同手续之烦琐和无休止的反复修订是多么让人抓狂。

综观世界大势，中国的产能过剩和激烈行内竞争，导致施工企业要想突破自身发展瓶颈，走出国门是一个很正确的战略选择。中国施工企业在目前的环境下，海外市场主要的出路也就在非洲、东南亚、中西亚、南美一些落后贫穷的国家，而作为主战场的非洲从自然环境、经济实力和安全环境等方面进行综合对比可发现，阿尔及利亚算是非洲的佼佼者了。既然分析发现已选择了一条正确的道路，那就必须咬紧牙关走下去，有困难是难免的，那就设法解决问题好了，别去浪费时间想些不着调的路。

坦对今生
用且行且思的方式

在动手收集各种证据资料、计算工程量的过程中，我们遇到了另外的困难，那就是在联合体中我们公司是牵头方，其他三家成员公司用句不敬的话就是"猪队友"，既不懂技术，也不懂管理，简单的算术到他们那里都变得非常吃力，这些本不重要，问题关键是成员公司的管理者们很傲慢，他们不肯屈尊听进我们的建议，更遑论被领导了，造成他们这种现状主要是地方保护政策、僵化的用人制度等社会环境造成的，不远扯。而七人组成的西班牙设计院，怀揣着海盗时代的荣光，自以为是地坚持着他们的固执，韩国人注定是帮不了多少忙的。即便是公共工程部，在追加合同金额这件事情上，也仅充当了传令兵的角色，根据《阿尔及利亚公共合同法》，合同总金额超出10%时，必须交给一个国家组建的高级别合同委员会审批，在投资预算和资金拨付问题上，除了财政部，还有一个国家投资基金组织在把持着，项目开工后国际原油价格大跌，阿尔及利亚全国性出现追加预算异常困难。阿尔及利亚沿袭了法国殖民时代留下的法律体系，但国家治理层面却不能达到欧洲的层次，该国至今还实行着计划经济，对石油强烈依赖，物资奇缺，所以存在一种说不出的精神分裂。

现在问题摆在这儿了，怎么办？中方的管理人员和工人已在陆续办理签证按计划需求进场，工期也在一天天消耗着，面对不久将会出现诸如挖方最先开始超量，桩基很快也要超量等问题，项目管理者的心情是忧心忡忡的。这时能做的，最有效的破局思想就是拨开困住手脚的迷雾，从认清人性本质这一最深层理解去指导行动"直捣黄龙"。就是说顺着藤找对人，逐个说服能影响和决定这个事的人，在说服的过程中，尽可能多地站在对方的角度考虑问题，多想想如果换作自己，也处在现如今这么一个位置上，会去办哪些事，不会去办哪

想办成自己认准的事，需要去做什么

些事，进一步深层地分析对方真正需要什么，什么情况下肯改变主意来帮自己，然后一切就都豁然了。

既然一次性彻底解决不现实，那就分步走吧，先试试能不能在不突破原合同总金额的框架内，将所有的后期才会施工到的项目占用的金额全部调整到必须优先施工的项目上呢？通过交流得知，阿尔及利亚国家高速局有个不成文的潜规则，如果在不突破原合同总价的前提下对合同工程量清单内部调整，原则上每个细目都不要高出10%，这是个审慎原则，用以保证工程整体推进。这个不妙的消息让我们的团队感到了工作棘手，反正已经上船，等待不如行动，先去打铺垫战。我们分头找到阿尔及利亚首都直接负责审查合同的那个无像样官职的要害人员、话语权最大的相当于总监理工程师的那位猴精者、西部局深受上级信任的官阶不上不下的那位不便明说，对他们动之以情、晓之以理，从项目在全国的重要性、项目进展速度和他们个人升迁的联系、国家真实财政状况、如果不尽快调整将面临的困局、如何把控合法合规的底线等方面切入，上下联动说服了整个链条上的各个关键人物。于是，当我们用中国人的勤奋帮队友们一并算出来的符合我们意图的补充协议基础数据表，配上和业主方探讨定稿的文字说明装订成册，"过五关斩六将"，直至盖齐政府各机构的大印并取回后，该消息惊大了很多张嘴巴。

同样的手法，我们游刃于当地相关方的利益平衡中靠借力打力，拿到了数额不菲的材料预付款，在国际油价持续下跌，阿尔及利亚政府全国性欠债的哀鸿声中，数着钞票看很多同行到处借钱。这就是理论落地的写照。

认准的事要做成，需要什么？信念、笃定、坚毅、恒心和付出行动，多从对方角度考虑问题，少给别人添麻烦，自己能多做就尽量多做点，从把握人性入手，说服每个人尽可能帮助自己。

制定好行动的目标和计划，坚定地去实施，不断检查有没有按计划完成，分析思考真正的原因，用日三省吾身的精神去纠偏，奔着目标一步步抵近。

在职场上要通过实实在在做好一件件具体的事来历练提升自己，切记谦虚谨慎、认真勤恳，少投机取巧、邀功请赏。要有坚决的执行力和良好的沟通，上级安排一项工作，完成的效果、进度以及完成的时间要适时汇报，在沟通中发现问题、及时纠偏。不能仅按自己的理解去自以为是地完成任务，否则执行很难到位。比如领导让自己做份报告，写完了往领导邮箱里一发，就去忙别的事情了，过了数日，领导突然问起，回答已经发邮件了。这种情况下，因为不及时看邮件会给下属留下不好印象，可能有些领导不会发作但心里却是不满意的，实际生活中领导事务繁忙，无暇看邮箱很正常，这就是为什么说工作要勤沟通。工作中遇到困难是难免的，自己设法解决，实在解决不掉时再向上级反映，不用总想着别人看不见自己付出的努力，也不必向别人说太多自己如何克服的困难。因为能力就体现在能不能做成别人做不了或做不好的一件又一件事上。用不了多长时间就会理解，自己做了很多却担心没人认可的想法非常幼稚。这些点滴都是为做成想做的更重要的事打下的铺垫。

大致就这些吧，不再评论太多，因为前面举的实例已回答得可触摸化了。

艺术是个好东西

　　对艺术的理解，我有话说。我眼中的艺术是人类热爱生活，发现美，展示美的概括。她是包罗万象的，不要片面地理解为文学、诗歌、书法、绘画、雕塑、音乐、影视等狭义领域，她渗透到我们生活的方方面面，与我们每天亲密接触。对艺术的追求可以提升人的品位，人云：腹有诗书气自华，书的熏陶可以让男人气定神闲，让女人娴静如兰，可以让人精致到每粒纽扣，洒脱到每根鬓发。其他形式的艺术造诣同样可以成为人最好的衣装。古往今来，附庸风雅者一直不乏其人，尤其是钱财富足者，因为仓廪实方思精神贵嘛，艺术可以让俗夫们景仰到求而不得。

坦对今生
用且行且思的方式

我写的书走的是清新路线，拒绝伪高深，蔑视装学问，整个文风追求贴近自然，像春日里拂面的风，夏夜中沁心的雨，轻抚你心灵的弦，弹奏着温柔的曲。我认为符合大众审美的艺术形式其生命力才是最为强大的，因为她植根于济济苍生的沃土里，而庙堂中的爵士乐、交响曲、印象派、艰涩文则有它特殊的高雅受众，大家各取所需吧，不分优劣，正如雅俗本就可以共赏。

我对艺术还有种理解，就是她和天分非常有关。比如我，声音低沉嘶哑，别提什么音域了，连流行歌曲都压不准调，器乐也没任何天分，所以我无比相信自己是无论怎么努力都不可能在乐坛有位置的。这种说法的另一面自然就是有天分的情形了，莫扎特四岁的时候能写曲子，七岁就跟着身为宫廷乐师的父亲跨国演出了，他对音乐的灵感是与生俱来的，这和家庭环境的熏陶、父母的遗传都有关系，在艺术成就上单凭后天努力只能说道路极其曲折。我要是说他的努力中爱好的催化才是成功的秘诀你接受吗？莫扎特创作的无论是钢琴奏鸣曲、协奏曲、交响曲还是歌剧，都是音乐史上的高峰之作，听他的曲子有种天人合一的感觉，对艺术的至高理解是没天分的人近乎不可能企及的。

对当下很多小学生家长，看别人家女儿报古筝班、舞蹈班也给自己孩子报名，看别人家儿子报书法班、绘画班也给自己孩子报名的盲从，我很不以为然。让孩子接受适当的艺术熏陶是应该的，从实用主义出发，起码将来孩子成年后遇到别人谈起艺术类话题，或者出现在展示才艺的场所，不至于讷讷地说不出一句应景的话来。但真心别逼孩子在艺术的道路上往没这方面天赋的方向上努力。艺术的范围是博

艺术是个好东西

大的,你的孩子肯定会在某个分支上有特质和专长,发现并发展特长才是找到了教育的方向。说起艺术的范围之广,可以这样凭空想象:比如一只造型如斯的水杯——它的柄是一只静卧的鹿,通体是瓷质的,象牙白的颜色闪着晶莹的光;比如一把椅子,它极简到只有一个弧形的靠背直接顺出四条直线的腿,搭上一个薄板的座,这些是不是可以算家居设计艺术?比如一个私人庭院,走进去只见雕檐画壁、曲径回廊、幽竹蕉叶、黛瓦白墙,这叫不叫建筑设计艺术?比如一件衣服有着精巧的针织、素雅的袖饰,精致的款样,应该算服装设计艺术吧……是不是感到生活在这种环境里,艺术气息扑面而来?你的孩子可能被培养成为工艺品设计师、建筑设计师、服装设计师等,我想这些都是给人带来美感的艺术,带着爱好钻进去,执着追求,每行都可能出大师。

在我的理解中艺术是相通的,她通在哪里呢?就是各门艺术都是对美的极致追求,终极目标全汇集在灵魂栖息的地方,这也是艺术迷人之处。

艺术是个好东西,她可以让人变得有趣。如果她幻化成黑夜里一盏橘灯,人们自然会变成飞蛾,她就是这样地吸引着你。在书法、美术、诗词以及文学等方面我毫无建树,但我却接受过很多人惊异的目光,比如在就读的工科院校里第一个成功举办了个人广告画展;比如独自用 Word 软件制作出一套在图文精神内涵上已完虐广告公司水平的阿尔及利亚东西高速公路项目通车纪念册,它独特在以亲历者的视角和 P 图软件进行深层结合;比如在项目营地的影壁墙上用油漆画了一幅立体色彩感强烈的迎客松;比如在红漆涂过的葫芦上用涂改液画了个笑佛……我清楚地知道自己从未学习过绘画和装帧设计,可能真是来自从小就被身边无数人说过的上天赏饭。我身边有个同事,他是个活地图,只要他去过一次的地方,时隔很久仍能一下子判断出最快捷的路,而我就是一个路盲,于是不解地问他,他说他就是喜欢地理,对记路特别敏感。上帝准备了很多很多的糖果,有香蕉味的,苹果味的,芒果味的,等等,然后分发给他洒落在人间的一个个生灵,每个人都捡到了不同的口味,所以不要抱怨别人拥有的而你没有,因为你所拥有的别人也没有。

艺术之所以说她是个好东西,是因为她带来的美好体验无与伦比,会让人对生活加倍去热爱,会让人妙趣横生。去网上搜索一下日本的堀内辰男以及专写游戏脚本的 Hiroo Otsubo,看看他们用 Excel 软件画的画,会颠覆不少人的认知;你如果看到书房挂着这样一副对联——"若不撇开终为苦,各能捺住即成名"会对主人的境界和品位作何感想?你若走进杨丽萍老师在洱海的那座月亮宫,再去体味面海花开,对这个世界的美好肯定会有另一番感悟。这时你才能深刻理解艺术原来如此有趣。

因为是个人的文集,我就卖弄自己放一张学生时代的画作,画画工具是一根红蓝铅笔,素描笔法,你要是猜测作画动机是为了追女生我也不反驳。其实放这幅画的真正目的是想通过视觉感染力来自证文题的观点。

就这样摸着艺术的门边,带着对艺术的遐想,四下张望着结束这篇对艺术的肤浅告白吧。

跨界和格局，向广深丰盈自己

跨界很热门，格局很流行。按关注度排序，我就先说下自己对格局的浅见吧。不知道从何时起，格局成了一个很多人动不动就提的词，其实讲的就是一个人有多大的胸怀决定了能做多大的事情，雄才韬略的人都不会过多去计较眼前的小事，他们会把眼光放长远，腾出更多的精力去思考未来，思考更广阔的人生。和格局有关的自勉的话还有些如志存高远、燕雀鸿鹄等吧，大抵说的一个意思。关于格局的说法显然都是对的，格局和好高骛远不搭边，是一个人真正在世上立足，开创出一片真正属于自己的天地必须具备的优秀品质。有格局的人心很大，都沉得住气。有格局的人既要胸有江山沟壑、还得会剪枝修叶,做到能屈能伸、可大可小。就是说把有格局的人放在一个很平凡的岗位,他能够做到兢兢业业、勤勉务实,从不觉得自己是浅底游龙、平阳猛虎;放在一个位高权重的地方,也能够平常心视之,没有骄纵蛮横、目空一切,这时才能展现出格局的强大。为了达到人生的目标,他会去迎合社会的规则。自命清高都是不识相,因为向自认为远不如己的人低头,是对复杂社会关系中人性的敬畏,是对生命本质的俯首,是把自己当作自然界中一粒尘埃的洒脱,那一刻他感觉不到卑微,这分明是种别人够不着的高贵。闲步庭前,漫卷天外,我如尘埃,谁耐我何?这种低头的高贵才更让对方找不到在上的感觉,也许已收买内心满地。这种大格局对江山不再局限于指点评赞,已完全做到举重若轻,万水千山我洒眼望去就是一粒沙,尘埃放大,我已看到里面含着大世界。

人活的境界高到一定程度甚至笑谈之间可解百万雄兵,它指挥的是扣动扳机的手指,原子弹真心唬不住的,我已让敌方下不了命令,这仗还打吗?

这让人联想到开国伟人毛主席,我对毛主席生平的了解可能比许许多多读者都要少,但我这里要说的不是毛主席一生的丰功伟绩,因为那些都不是独立思考,仅是别人告诉自己或通过各种途径读到的信息罢了。

毛泽东主席在新中国成立前的烽火岁月中将王明、张国焘等人全部扫出政治舞台,新中国成立后的事情就不提了。我作为一个文化大革命结束后出生的小生是断然不敢妄评这些风云人物的功过的,由于这是一段近代历史,信息量太过浩大,话题太重。我对毛主席的独立理解出自对其诗词、书法的领悟以及建立政权后主席所作的几项韬略

跨界和格局，向广深丰盈自己

的思考。归结起来我认为是其人格魅力折服了一个个叱咤风云的老帅，奠定了无可撼动的历史地位，更坚信了任何事情都没有无缘无故。毛主席的胸怀才叫人生大格局，那是对格局最为生动的解读。

毛主席诗词中的谁主沉浮、粪土万侯、俏不争春、还看今朝等直抒胸臆之句以及"原子弹是纸老虎，既不要怕，又要认真对付"这种真正哲学家才能作出的论断，让我看到了磅礴之势和化尘之心，毛主席对劳苦大众的悲悯和对权贵的蔑视，在轰轰烈烈的革命生涯及建立政权后上山下乡等举措中已展现得淋漓尽致。毛主席的书法如果要去对照间架结构，那就省省力气吧，写字只有脱离了形体的约束才算站在了书法的门口，别把写字和书法往一块混，从毛主席的字可看出其心。

毛主席的胸怀和视野我认为重庆谈判时未到顶峰，当年力排众议出兵朝鲜一事才让我真正感受到伟人的气魄。我们作为后人回看历史，今天理解了毛主席心中的乾坤，这和在当时的历史环境下作出如此判断的境界根本无法相提并论或同日而语，千万别觉得自己也挺厉害。如果不是那场战争中无数先烈的战绩一举震惊了世界，你我今天能够这么悠闲地喝茶？都是打出来的和平环境，打出来的发展机会，这个世界专欺负天真和轻信。历史无法重演，没有那场停战在三八线上的战争，和平中国的崛起之路肯定要更为艰难，如果否认这一观点那就是没深刻思考过民族和人性到底是什么。

戎马一生的彭德怀元帅，带领志愿军将士，带着战争锤炼出的军魂越过鸭绿江和所谓的联合国军浴血奋战，直面人类相互绞杀的残酷。以毛主席的性格，身为中华人民共和国的缔造者，老人家怎么可能不对双方战斗力、战争形势发展和可能后果先进行客观理性的评估。这是一场不能输的战争，如果这次出兵失败带给中国的深远影响将无法想象，对幻想苏联军事援助那种思维我不予置评。从串联的点滴历史记录碎片中，我坚信毛主席的决心是坚定的，因为他老人家看出了国家兴衰运行的规律。

格局有大小，高山之下也有峰，作为普通人的我们，找到自己那座峰，对成功很重要。

下面单纯说跨界，最后说联系。我认为跨界是当前趋势，看看现在的信息交流之迅捷，传统行业面临着新挑战，有些嗅觉敏锐的企业决策者已在悄然重新布局，有些墨守成规的还不知道厉害。"互联网+"带来了知识获取渠道的革命，仅需买一台智能手机点几下即得专业知识中很大的一块，这一块就是靠记、靠背即可掌握的东西，对个人而言再不多掌握几门学科，就要输给时代。

这里说的跨界不是跳槽转行，是指一种商业上的整合、融合，还有对个人而言知识积累上的行业跨越，是同时踏入不同的领域，寻找契合点，以此体现优势。

我在其他国家深入生活多年，得到的一个切身体会就是思路要打开，世界很多元。作为一个还没完全掐灭创业梦想的中年职场人，不妨和读者朋友一起探讨一下互联网时代的创业思维。上海交通大学陈宏民教授提出的观点我挺认同，他分析能实现从跨界到颠覆跳跃的互联网科技企业通常具备四大特征：一是"边缘进入"，即从传统产业的非核心业务迅速进入市场，站稳脚根；二是"贴近用户"，紧紧抓住终端用户，尤其是被传统市场忽视的边缘用户，极端关注用户体验和黏性，之间不留隔离层；三是"平台思路"，采用开放式平台这种商业模式，追求借力打力；四是"喧宾夺主"，站稳脚跟后，迅速抢

跨界和格局，向广深丰盈自己

夺核心业务。

说到跨界成功的例子，大家看看微信和支付宝，马化腾和马云两位商界新大佬凭借两个 App 怎么冲击中国三大通信巨头以及四大国有银行的就知道威力了，评论网上都有。

格力电器明星老总董明珠女士对珠海银隆的新能源汽车，尤其锂电池技术那份感情无以言表，不甘的董总最近又把目标瞄向了夏利股份。基因不同的美的集团则潇洒得多，在突破机器人产业的布局中，先是成功收购了德国库卡，最近又和以色列高创达成战略合作意向，在向智慧家居转型之路上又迈出坚实一步。这些变化说明了什么？格局决定眼界，事关大成败，这才真正考验领导者的智慧。个人创业需要从小做起，因为真正从过商的人才理解里面有多少道道，但头脑比勤奋更重要，以上的商业案例仅是用来启发，不是真去效仿。

下面我要提一个人，可能很多人并不熟悉，他叫林帝浣。这位大家口中的小林老师长我三岁，生于湛江，大学读的临床医学，现在中山大学任教。但建议读者朋友去网上查查他的摄影、书画、文学作品，先提醒一句，会美倒你。

这个名字走进公众视野可能源起于 2016 年 11 月，中国二十四节气被列入联合国教科文组织人类非物质文化遗产时，中国代表团出示的小林老师所作的一组国画。中央电视台《中国诗词大会》节目第二季落幕时，因舞台背景图的创作过程被曝光而走红，林帝浣的诗配画以妙不可言的空灵和写意打动了亿万观众和网友。生活中的小林老师还喜欢旅行、美食，人特别有趣，用小林老师的话说，他要做一个无法定义的人，其实他已经做到了。小林老师的艺术作品以业余打败专业有着偶然中的必然，专注、不安分、才情、童趣、自由自在、保持业余状态，这些词的罗列大致描绘了他成功的脉络，无拘无束的生活才是创作的最好源泉，能把最自然率真的一面展示出来。其实我这本书的写作过程又何尝不是呢？遥遥敬拜一下，惺惺相惜吧。

小林老师的生活状态从网上的描述中可以体味，不好做总结，也不好定义，找个近义词就是过得美不胜收、怡情陶然吧。世俗点来看，他出的书、拍的摄影作品等在丰盈自己的同时，也创收了，可以维持自己的自由世界，不用跟风参加商业活动，在最后一点上实属聪明之举。个人跨界的魅力由此可见，小林老师，向你致敬和学习！

现在的中国社会由于竞争压力，对金钱的渴望，浮躁已像代名词似的在刻画这个时代的特征。生活在嘈杂的世间，人更需要静下心来审视自己，格局是可以通过不断学习知识、开阔视野来内修的。不进庙入庵一样参道悟禅，佛念在心，不在诵经几遍，而格局和向佛是互通的。

还是就此开始收篇吧，文篇过长读者将失去耐心。

把跨界和格局放在一起，是因为把二者相互联系，是提高自己的好途径。一个人想要自由地活着，享有尊严，就不能成为生活的奴隶，怎样才能给自己勇气、胆识还做得到让别人不拒绝自己？首先要做的是多走、多看、多想、多读、多交往，从知识面和认知度两方面丰盈自己，广深重在心境，真正意义上带有思考的学习才会出真知，别把自己困在一个狭小的空间喘不开气。

一个人内心有了格局，眼界也会变高，会产生能做好很多事的感觉，这时尤其需要做到发自心底的谦虚，需要戒躁、定力，有选择的能力不代表可以随意选择，认清自己，尤其要认清这个世界不以任何人的意志为转移，学会把自己渺小成沙。

生活要丰富多彩，否则怎会热爱

其实每个人都希望自己过得丰富多彩，但有句话叫作"理想很丰满，现实很骨感"，可能还有人会说，我也喜欢诗和远方，可生活偏偏只给了我苟且。

现实生活肯定需要油盐酱醋茶、锅碗瓢盆曲，饿着肚子咋写诗，瑟瑟发抖对谁吟？月供必须还，真怕黑名单，一旦征信记录有污点，出门坐个高铁都很难。那就活该看着人家潇洒，苦逼留给自己吗？

生活得丰富多彩，财务自由是个充分不必要条件，关键还是看内心，当一个人内心充满快乐时，将看到整个世界都美妙无比，这个世界还会回赠你更多快乐，然后自己想象的美好世界有一天真的会呈现眼前，这有点像著名的罗森塔尔现象，但它的确是经无数次例证具有一定社会普遍性的心理学现象。钞票虽然俗，但确实很不可少，财务自由这么令人向往，我们就一起来想想如何才能一步步实现它。

富人不神秘，面纱层层揭。从理工方向实现财务自由通常不如文史方向更有优势，前者靠干好活，后者靠做好人，说到根子上差不多这么回事吧，当然最好文理兼修。我们试着用哲学思维先解读一下马太效应这个概念，它来自《圣经·新约》的"马太福音"第二十五章的一个故事，用最凝练的文言文概括就是讲的"损不足以奉有余"。与之相反的还有个张弓效应，核心是"损有余而补不足"。提到这俩效应，我先岔开一会，以科班出身的理工男视角说下对经济学、社会学、哲学等的理解，因为这些学科与效应、现象等紧密关联。可能我下面的观点有些不知天高地厚，因为社会科学的对错比自然科学更加难以界定，它取决于不同的是非标尺，所以才敢唯一一次在自己的书中出语放肆，但我的真实用意是启发读者朋友们和我一起对趣味阅读和独立思考产生新的认识，这和学术性交流完全两码事，我对社会科学内心充满敬畏，不存在任何偏见。

经济学有个怪异现象，特喜欢把简单道理说复杂，以示高深，像在防备别人一下抓住理论的本质。究竟为什么要这样做呢？我觉得可以按这样的逻辑来推测，经济学在研究啥，想一下它能分化出金融学，就带有指向性了。那人类社会漫长发展历程中，有没有统治者去认真思考怎么调动人的积极性把社会上的钱弄得很多很多，担心自己想不周全又去找几个聪明的人帮着一起想这种可能呢？阶级出现后有产者有没有设法把别人口袋里的钱装进自己兜里的动机呢？这些思考后的产物不断积累会不会慢慢衍化归纳成学科呢，这种推理的客观真

生活要丰富多彩，否则怎会热爱

实性只能自己意会。社会学又是研究什么的？会不会有位先哲某天托着下巴在想，人和人凑成堆有啥规律可循吗？咱们要是摸着窍门是不是就能把他们全收拾服帖了？那为什么要整这么多眼花缭乱的理论呢？不算政治学、心理学等临近学科就已把人搞晕了。想想有多少人靠嘴靠笔吃饭也许会有另一种理解。这种诱导性思维我认为就是哲学思维，哲学作为统领各门学科的总掌门，是让人越活越明白的，所以是专门负责反过来把复杂问题简单化。要想当领导，先得懂哲学，领导层级越高，管理的事务就越庞杂，如果不具备一眼识穿问题核心的素质，没法逐级往上升迁。这个社会各行各业的领导层都是非常聪明和睿智的，所以没有实力之前千万不要轻易去挑战，这是个人的忠告和奉劝。找领导汇报工作，越往高层就越需要言简意赅，对方真没时间听些东拉西扯的汇报，是不是汇报工作时有过领导不停催着说重点的经历？

为了让哲学更接地气，仅给没听说过以下谈话的读者举个事例：延安时期，毛泽东曾经问胡耀邦什么叫军事，胡耀邦讲了书本上的很多，毛泽东说，没这么复杂，军事就是打得赢就打，打不赢就跑。毛泽东又接着问什么叫政治，胡耀邦又说了很多，毛泽东说：没这么复杂，政治就是把支持我们的人搞得多多的，把反对我们的人搞得少少的！

再如清华大学阎学通教授谈学士、硕士和博士的区别时说，如果把知识比作兔子，读本科是学会捡"死兔子"，读硕士是学会在视野内"打兔子"，读博士则是负责从森林里找出兔子，博士后就是研究哪里有兔子。哲学就是一门这样的学科。

扯回原来的话题，这个马太效应我向没听说过的读者简单说一下,省得去网上到处查了,它讲的是这么一个故事:主人马太一次远行前,给三个仆人一些钱财,一个给了五千元,一个给了两千元,一个给了一千元,让他们合理使用。许久后主人返回,逐一盘问,结果领五千元的,做买卖另外赚了五千元;领两千元的另赚了两千元;领一千元的担心钱有损失,掘开地,把主人的银子埋藏了。主人封赏了前两位,因痛恨最后一位的愚蠢做法,赞赏第一位的头脑,将埋地的一千元夺回给了第一个赚五千元的。这个导致富人更富、穷人更穷的"杀贫济富"理论事实上确有很广的社会基础,很像名人效应和从众心理,听到好多人都在说谁厉害厉害,大家就一窝蜂去奔向谁,给谁钱,结果越来越有名气,而那些没被说是厉害的人,因无人知晓,就变得厉害不起来了。有些普通人所做的事情和名人同样好,可他们得不到社会多少回报而名人却可以轻松获得,这也是为什么那么多人想出名的重要诱因。最典型的就是演艺圈了,我们有百分之一万的理由相信,默默无闻的艺人里有大量真实演技超过当红明星的,但哪有那么多戏在拍,出镜机会少之又少,这让除了演技好之外一无所有的演员总是很受伤。但话说回来,名人都不是无缘无故出的名,导演也不是莫名其妙当上的导演,正如富人也不是靠这效应那现象发的家。同样的道理,每个成功背后都有着各种各样的合理性,真正的秘诀都在成功者自己心里,没人会在网上、书上叫卖。成功学的理论和成功之间只是进门和修行的关系。

　　大约2500年前的中国先哲老子早就辩证地论述了马太和张弓效应的道理,《道德经》第七十七章中写道:"天之道,其犹张弓欤?高者抑之,下者举之,有余者损之,不足者补之。天之道,损有余而补不足。人之道,则不然,损不足以奉有余。孰能有余以奉天下,唯

生活要丰富多彩，否则怎会热爱

有道者。是以圣人为而不恃，功成而不处，其不欲见贤。"对着目标拉开弓，弓高了就往下一点，弓低了就抬一下，这样才能射中。自然之道才是亘古不变的真理，马太理论仅是人性的一种表现，付出后才有回报，靠捷径赚的钱大多来去匆匆。感谢互联网，让底层民众靠广泛迅捷的交流自我深度觉醒，阶层没有固化，莫被既得者用谎言蒙骗，在知识之界日渐倒塌的今天，要能够看到藩篱在摇晃。

为什么习总书记提倡重温经典，崇推国学，我们已被西方理论"马太"很久了，洋人整天向国人洗脑式灌输先进的民主自由论，顺便一并打包不少优人一等的思想，冷静的国人要对其加以辨别，取其精华、弃其糟粕，西方世界有美好的东西，也有数不清的伪善，独立思考才能保持头脑清醒。

暗示了这么多关于财务自由的门道，现在就来快乐地想想怎么过好并不方长的来日吧。

如果仅仅是手上有了一大笔闲钱，而且有不少时间，那么离丰富多彩的生活将很近了，因为仅差适当的艺术熏陶。如果没有钱和时间，那就尽量活出自己力所能及的精彩。工作和生活都是生命的组成部分，事业的精彩和生活的丰富相得益彰才使得人生的成功大放异彩。

说到艺术感，假设一个场景体味一下，两个人同时躺在海滩的长椅上眺望余晖，几只海鸥远远飞过，影子叠在落日里，有人很自然地想起"落霞与孤鹜齐飞"这句，不是要吟诗背词，此处是指的心境；另一人却想着：这不和我刚去过的马尔代夫一样吗，下次不来了。

有分寸的人说话都喜欢点到即岔开，喋喋不休什么时候都特惹人烦。说了这么多，还没进正题呢，正题在哪？不知不觉中的入戏才是看电影啊。

丰富的生活，多彩的日子并不遥远，别想着等孩子大了，等退休了，再好好出去转转，和谁过不去都行，千万别和时间过不去，谁都不是时间的对手，它专治各种不服。

丰富多彩先从人类的共同爱好开始，门槛低嘛，那就是美食、购物、旅游。感谢祖国的灿烂文化，谈到吃，地球上任何"歪果仁"敢说超越中国人，肯定一大帮子会捂着嘴努力忍住不笑出声。现在的中国，饮食后面一般都爱挂两字——文化，中国人已吃出"花"来了。咱不谈菜系、烹饪，就简单说点和吃有关的。

某次在一个类似会所性质的场合参加私人聚会，友人给每人上了一份河豚，尝了尝味道很鲜美，然后他介绍说，为了确保河豚无毒，厨师在摘除胆囊后用清水连续冲了20多个小时，这是饭店里没有的待遇。立马感觉不一样了，俩字：讲究。还有一次老同学送我一箱梨，如果没记错的话叫"黄金梨"，反正一箱装不了几个，个头大倒不稀奇，关键是特别甜，这才让人体会到好兄弟有福同享的感觉，我由此产生联想以后送别人东西必须送印象深刻的，一次顶一百次。有一次春节回老家过年，在粮食局工作的表婶带回一袋大米，特意嘱咐这个米不要蒸着吃，是专门熬粥喝的，这是我第一次知道原来大米还区分蒸干饭和熬粥的，熬出来的米粥果然和那些东北大米等不是一个味。再说近点就是2017年夏天回国休假，我家附近有一家餐馆我一直没有去过，一个农业大学毕业的哥们带我去尝了尝他家的黑猪肉，并且介绍了一下这家餐馆的来历，原来餐馆是一家卖黑猪的公司的体验店，评他家的菜我词汇量少，也两字形容——好吃。回想一下印象深刻的美食，在阿尔及利亚北部名城奥兰一家环境很典雅的西餐厅吃过的那一顿仍记忆犹新，当时刚好一部欧洲电影在那里取景拍摄，店老板在嘴唇中间竖起了食指，我们靠手语点的餐，坐在最靠墙角的座位，他家的烤面包干真香，还有那微带血丝的烤牛排，谁说半熟牛肉不好吃，烤的技术问题吧，鹅肝也正宗，旁边还有两位打扮精致的西方美女很贵族范地用法语对白着台词。再说下喝酒，某次朋友聚会，一位老哥带去两瓶标签发黄的鸭溪酒，最简单的20世纪80年代透明玻璃瓶子，我们几个费了好大的劲才打开了瓶盖，尽管这样，瓶中的酒早挥发得不满瓶了，酒带点微黄，真的酒香扑鼻啊，倒的时候那不是看挂不挂杯，略显黏稠，我弄了一滴在食指上，和大拇指接触了一下再分开，那个丝特别长，让我一下联想到曾看过的一部电影《梦断楼兰》中有个盗墓贼挖出一瓶古酒，打开后拉出很长一段丝那个片段，也记住了"二茅台"这个俗称，当天喝得很醺，第二天早晨却神清气爽，绝对纯粮食的，不是新包装的鸭溪酒。2017年9月份去了趟摩洛哥，一家中餐馆的老板推荐了名为卡萨布兰卡的啤酒，这酒还真好喝。拉巴特古城里的馕夹着刚煎出锅的大西洋小沙丁鱼，抹上调料，刺软软的，被扎着的担心很多余，混杂着洋葱味，好吃又特别，餐后再来颗熟透的迦释果，先等会儿，哪边是北？

说了好多，虽然没有"舌尖上的中国"推荐的菜，也没有切得薄如蝉翼生吃的西班牙伊比利亚用橡籽养大的黑猪做的风干火腿，没有先剁碎再加料混合后塞入壳内蒸熟的法国大蜗牛，没有必须吸溜出声老板才满意的北海道拉面等我不知道真好吃假好吃的世界美食，但吃的乐趣可能多多少少也写出那么一点意思了。现在中国人的物质水平提高了，吃得要精致，就餐环境要优雅、洁净已逐渐成为食客们的一般要求，吃的乐趣不在星级酒店，在追求美味的过程中间。

坦对今生
用且行且思的方式

　　购物和旅游在这里啰唆可能远不如大家看杂志，或者看些达人的介绍有心得，我就说一句，那就是购物别跟风，去名胜古迹旅游前最好恶补些旅游地的历史文化再去，少跟团，才好和别人聊感受。上车睡觉、下车拍照那种发发微信朋友圈别人知道咱也去过了应该就差不多了。不过全民娱乐时代，去些游乐场所就不用装文化人了，比如邯郸东太行那个自称把人吓得心碎的玻璃栈道，还有叫板它们的宁夏中卫沙坡头景区黄河3D玻璃桥，很多超刺激或很放松的地方，出去一趟关键是要自己玩得开心，别的都是浮云。爱旅游同时还懂摄影的话，那美哉美哉，快成达人了。至于旅游时吃饭，别怕巷子深，千篇一律的大饭店哪儿没有啊，谁跑那么远去点菜，要去就去偏的地。比如2016年我和几个家庭结伴去重庆游玩，离解放碑不远有一家只有万能的高德地图才能找到的叫饭粑坨的馆子，那里的梅子酒、山楂酒还有巴南小吃，真的一想就很蜀国啊。还去了一家严记蹄花餐馆，怎么利诱老板到济南开分店都不肯，太轴了。歌乐山辣子鸡，鸡呢？埋在这么大的盘子底里很难找的。

　　吃饱喝爽的畅快通常随着肚子饿起也跑得飞快，精神世界丰富了才好在后面再缀个多彩。一个人怎么得有点和朋友们能共鸣的爱好，否则成天闷在那儿老是让别人虚情假意或出于关心地喊着出去玩，大家都觉得没劲。爱好可以是棋牌、健身、曲艺、书画、诗赋、摄影、烹饪、钓鱼、电竞等。多几样少几样没什么关系，最重要的一点是真喜欢，千万别装喜欢，否则水平很难提高，体验不到乐趣，还不断制造差距，牌友、棋友、画友、文友等各种友都会因志趣问题和你失去共同语言，你早晚要远离那个硬想凑的圈子。无关性格合不合群，也没谁故意想疏远、挤对谁，就因为自己融不进去这个浅显的道理，其

生活要丰富多彩，否则怎会热爱

他的都是自作多情和胡琢磨。说到艺术追求这种话题，宽泛空大，它是用心灵细细感受和欣赏的自我升华，艺术肯定要讲求品位才配得上艺术两字，比如看电影、读书，必须挑剔地看，因为各种各样的作品太多了，公开发行的影音及纸质出版物也是良莠不齐的，优秀作品很多，文化垃圾也不少，看烂片、读垃圾书完全是浪费生命的行为，低劣文化产品也会害人，甄别的过程也是品位提高的过程。品位是什么，是友人新婚，你能送上这样的贺词："喜今日赤绳系定，珠联璧合；卜他年白头永偕，桂馥兰馨。"也许有些人会认为在卖弄辞藻，但自己真正刻在骨子里的不俗将会让爱喷的嘴巴自行关闭。

泡一杯香茗，听窗外细雨绵绵，耳畔流淌着清幽的音乐，手捧一本娓娓的书，品读着各种关于人生的故事。

案头是橘黄的灯，床边是轻垂的帘，电视里放着喜爱的剧，身边有爱人温暖的肩，孩子或自娱于手机中的游戏，或嬉闹在身边，相视的浅笑，饶有兴趣地听女人诉着各种家长里短，或者说说白天的事，或者聊聊单位的天。

小巢里布满了各种回忆，一起游玩时淘回的布艺画还挂在那儿，一起讨价还价来的沙发已擦拭得一尘不染，朋友送的冰酒还没舍得喝，水池中还泡着刚吃完没刷的碗，冰箱里放着才买回的卡布奇诺那是孩子一夜的惦念，乐高玩具拼了半截明天晚上必须安完。外面已灯火阑珊，家里幸福平淡。跟遥远的父母刚通过电话，老年腿今天比前些日子见轻了，一个多年未走动的表哥突然来老家了，晚上没留住，只在家吃了顿午饭……

细细碎碎的才是生活，偶尔有点小争吵，比如炒菜多放了半勺盐，带鱼没刮那层皮就煎，叫你早点去接孩子你看堵在路上了吧？明天别又忘了把电动车电瓶提上来充充电,这就是值得用一生维护的家,是你我风吹雨打后栖息的港湾。

热爱生活,不是句口号,每天都给自己点一份心中的丰富多彩、趣味盎然,哪怕仅有一点点,尽量制造新鲜感,积极创造财富,有了钱也别光想着攒,国家整天鼓动通过扩大内需促经济发展,该贡献的贡献,好日子是过出来的,你我共勉。

别怕花钱，兴许钱越花越多呢

钱越花越多，听起来很离奇，事实上我并没有哗众取宠，仅是消费观没有与时俱进才觉得像被忽悠。

为了显得高大上，我先推出一个头戴光环的人物，2017年诺贝尔经济学奖得主理查德·塞勒教授。前面有个短篇只是蹦了一句他的光辉思想"禀赋效应"，这儿算承前吧。

这个禀赋效应很有点意思。展开这个话题之前，首先给某些搞偏的人纠正一个观点，科学一点也不枯燥无味，而是非常有趣，任何学科都是从不同的角度解释这个世界，让人更加耳清目明，所以才会经常有人说到知识体系的建立。学科之间原本就是相通的，让人感觉枯燥的科学知识都是学界的非主流。哲学被奉为统领各门各派的学科，知道的东西越多的人越会认同这点，这是因为哲学是在不懈找寻生命最本质的东西，思考着知识的起源。如果对学习充满了功利，那肯定不太好找到法门，学习只会让人看问题越来越明澈，洞察秋毫，日渐脱颖于乌泱泱的人群，逐渐解开越来越多的疑惑，消除对未知的恐惧，从容和洒脱将尾随学习的深入而至，这种精神层面的不断自我富足会让心灵充满快乐和踏实。学习和提高的过程，是一个不断认识世界的过程，世界上的规律一直在那存在着，等着我们去发现罢了，当一个人发现了别人都未曾发现的东西，他就是推动人类整体进步的其中一人。

我从网上看到这个禀赋理论后非常认同，这是因为我早观察到身边的许多人在现实生活中非常大方，仗义疏财，最后非但没有散尽家财，反而越来越富有，他们主要是经商的，且白手起家。我一直有过思考，为什么有些穷人总是翻不了身，起决定性的因素是什么？我认为缺乏对生命和金钱本质的正确认识才是穷人受穷的内因，比如抱怨没个好爸，抱怨上天不公的人肯定都没有真正意识到自己出了问题才是核心。其他都不说，仅凭爱抱怨这一点就已说明了很多事，抱怨是别人强加给自己的吗，这是自己无法掌控和避免的吗？抱怨只会让每个听的人很烦，只会在自己致富的路上设障。白手起家的人生赢家其机遇就比别的穷人多吗？正如前面说的，没有无缘无故的成功，每个成功者背后都有不肯示人的奋斗史和看似靠幸运实则靠自己把握住的机遇。

怕花钱的心理是怎么造成的呢？就是缺乏对未来的安全感，生怕花完了没有保障，按前面的快乐论，就是害怕失去将来的快乐。

别怕花钱，兴许钱越花越多呢

得到一样东西的快乐，通常小于失去同一样东西的痛苦，所以我们不喜欢冒险，宁愿放弃获得快乐去维持现状，也不愿承受失去的痛苦。这一句话说得非常有道理，不过出处不是我，是禀赋效应的引申，很多略尝甜头的人害怕改革以及社会变革就是出于此心理。

穷人们把钱视为维持生计的必需品，总想牢牢地抓住它。如果把钱花出去换回一件不是特别需要的物品，很可能会想：我的钱又少了，明天该怎么办呢？孩子的学费就快要交了，物业费也催多遍了，亲戚家又有一个孩子准备下个月结婚，份子钱也不能拿太少，这个面子得要啊。花钱没带来乐趣，反而造成了痛苦，他买的东西和花出去的钱可能原本是等值的，但对于穷人失去的强烈痛苦感冲抵完所得到的快乐后仍痛苦不堪，于是决定还是继续攒钱。

我们来假设一个能反映社会真实现状的情形，不带任何感情色彩客观地分析一下此例中存在的心理动机和造成的影响：

一个月收入5000元的家庭之主，某次请一个很少来串门的几年前生活水平相当、如今家境已很富裕的亲戚去个略好点的饭店吃饭，花掉了2000元，一般通情理的尤其是熟悉的亲戚不会接受这样的饭局，但这个月入5000元的家庭之主非常爱面子，拒绝他可能是另一种伤害。这个富裕亲戚觉得过意不去，临走时很随意地送了一盒标价3000元的海参。这个死要面子的请客结束后拿着海参去卖，无良买家只肯给1000元，多一个子不给，送人的话自己又舍不得，也没有大事可托人办，严重的不对等让他纠结痛苦，自己想想觉得那个有钱的亲戚也没对不起他的地方。关起门来老婆冲着他就是一顿数落加埋怨，有好几个菜拼命给你使眼色不让你点，你偏点。你看看人家是怎么过的，简直是一个窝囊废。

坦对今生

用且行且思的方式

　　这是一种典型的穷人逻辑，此文说的"穷"倾向于精神的贫穷。穷人的世界更可怕的是相互倾轧，人性的邪恶和阴暗面在穷人里往往体现得更加淋漓尽致，相反在富人圈里，互帮现已蔚然成风，而富人圈里存在的欺骗和狡诈也同样是穷在作怪，富人里精于算计的通常是些精神上的穷汉，他富裕的程度不出意外的话都非常有限，因为眼睛过多地去关注眼前得失，忘了抬头，眼界决定了他走不太远。

　　本书不停地描绘美好，主要目的是想让读到的人如宗教信仰那般虔诚地逐渐对美好事物产生孜孜不倦、坚持不懈的追求，这是取得成功、更准确说是成为人生赢家最为需要的精神力量。

　　说到了穷人，为了让整本书更贴近真实，就举几个扎心的真实案例来说明如何全方位看待周围的人和事，不要把世界想象得那么美好，但更不要被灰暗蒙蔽了双眼，因为人心向善如昆虫趋光，是造物主的恩赐，大自然的造化，人靠自身的力量无从改变。光明和阴暗的关系从一草一木中就能找到答案，草叶快贴地的那一面都是黑乎乎一片，精神固化了的穷人真如草芥，潮湿、蚊虫肆虐，随时被森林中的动物践踏，相互挤占生存空间。而参天巨木则不然，迎接着阳光，高大伟岸，任由野猴攀爬，毒虫叮咬，岿然不动，迎接着明媚的阳光，大树之间保持着适当的距离，互不侵占。

　　2017年6月22日凌晨，杭州蓝色钱江小区的一场悲剧震惊了整个社会，引发了好一阵关于请保姆的热论，林家的善良却换来了林妻和三个人见人爱的小天使的冰冷尸体。我第一遍读到这条新闻报道时眼泪是很不争气的。人性到底是什么？处在社会底层的保姆莫某为了那点很多人眼里算不上什么的钱财，愚蠢地点燃了一场大火，还有事后针对消防问题利益集团背后看似高明的操作，如一面照妖镜呈现出社会的丑恶。底层的压力感、挣扎又找不到突破口的无助感最容易激发人性中嫉妒、扭曲、偏执、疯狂、野蛮等最原始的冲动，人类的祖先在丛林中生活时，面对生命威胁时能做的自我保护是没有理智的，文明是产生了安全感后才逐渐发展起来的，这种回归自然的思考可以对穷人在一起更加相互倾轧的社会现象有一个更深的理解。富人的恶行或推波助澜也大都是出于对失去财富、地位的恐惧。所以文明社会的成熟标志应该是看社会上的个体是否拥有广泛的安全感、是否普受到爱的温暖。2016年里约奥运会，吕斌伏地哀呼："裁判偷走了我的梦想。"2007年9月3日，随着法槌的落下，南京那个著名的倒地徐老太和那位主审法官联手挑乱了价值观的神经，一个个见义勇为者迟疑了，此案哗然后，社会的良知在为人性的阴暗慢慢疗伤了一年又一年。

在中国有些偏远的农村，不说那个40多年前的疯狂年代，就在几年前像暗地告密、给鱼塘下毒、拔菜苗、冬天偷揭塑料薄膜等下作事每天发生多少？为了争地界房边、老人在老大老二家中的一边多住几天大打出手的没有吗？而看看现今全国各地的商会，尤其南方的民营企业家都经常互相帮助渡过难关，因为他们深知花无百日红，谁都可能有犯难的一天。而社会的上层人士，由于各自握有不同的资源，闲置的资源用来交换可能会换取更大的利益回报，他们相互都非常谦恭，少见穷人相见的戾气。

有人仰望美丽的月光，有人低头捡拾地上的六便士，这就是社会一直的模样。

收回思绪的缰绳，不再继续跑题。现今有些穷人做梦都想富却富不起来，还一脸无辜地说别人是站着不知弯着的腰疼，白天读不懂夜的黑。如果是连接受九年义务教育的机会都没有，学费都掏不起的赤贫，那真是让人不好辩驳，但只要家庭条件能允许上得了学堂、填得饱肚皮的，怨天尤人都是矫情，是在给自己不努力找借口，我们如何确信社会阶层固化论不是某些既得者散布的谣言？需要做的是尽快转变观念，琢磨琢磨成为富人之路上究竟该怎么去想、去办。

首先要摒弃一夜暴富的邪念，民间借贷案件中被套牢的都是贪婪者，逐渐积累、逐渐增长财富才是正途。

孟子早就点拨过世人："独乐乐，与人乐乐，孰乐？"当然是不若与人。钱这个快乐凭证也是用来交流的，它是快乐的物化，也是同乐更乐的。口袋中的钱一旦成了死钱，在中央政府为促经济繁荣、保税收增长，用货币增发、结售汇等经济手段实施的宏观调控下只会不断降低货币的购买力，即贬值。所以钱必须要流动才能升值，这也是富人眼中对钱的功能定义，钱如同商品，也是要买进卖出的，用这样的心态去花钱将像烟酒商店的老板卖掉自己的酒，不会产生心疼的感觉，酒在店主心里没有拥有感，所以失去了不觉得心疼，应验了禀赋效应。特别是那些拿着银行的钱投资的大老板们签支票时持有什么心态，不便多言。钱放自己手里老是不花，攥那么紧，放在箱子里会发霉，存在银行里利息那么一点点，极其不划算。

举两个极端的例子，根据《海峡导报》的一篇报道，一张户名为陈忠信，存款日期为1973年3月20日的银行整存整取定期存单被登载在该报2017年9月20日第18版社会栏目上，注意报道的焦点，1200元本金在银行躺了44年后最终确认本息合计为2684.04元。如果有怀疑，再看看《华商报》2016年4月21日的另一篇报道：一张户名为张志敏，存款日期为1979年7月9日的银行整存整取定期存

别怕花钱，兴许钱越花越多呢

单也被公示于众，37年前的200元连本带息最终取出465.12元。银行的算法不会错，长期的存款意味着什么？如不这样对比，不好惊觉等面值钞票实际购买力下降的幅度。国家长期鼓励消费和理财，自己不去寻找好的渠道，贬值就不能全推给政府。

以上就是钱还能越花越多这一看似歪理邪说的前半篇。后半篇咱们就试着想想花钱还能生钱说的是真还是假。

这个事情首先应该掌握好分寸，不能领会偏了，前提是自己先得有少量闲钱，还得具有拿钱投资的眼光和门道，否则自己那点血汗钱花没了，可能真要去喝西北风。叨咕这么半天压轴的重点是怎么自我培训通过花钱来掌握赚钱的本领。

比如和某公司商务人士洽谈一笔生意，在自己的行头上要先舍得花钱，一副穷酸相显然不利于谈项目或生意，有实力的没谁去省这个钱。在看准商机后，判断出继续压价的可能性极小时，要果断地表现大度，立即拍板成交，再锱铢必较的话，基本上开始往失败的道上奔了。而如果有深远锐利的眼光，敢于投资一个看好的大项目，完全可以一边大方地花着钱，另一边在每个重要环节去突破信息不对称等各种障碍，用个人魅力给自己不断加分，项目做成的可能性会与日俱增，最终成功挫败小气吧啦的竞争对手，敢于出手和花钱是能做大事的表现之一，会从心理和气势上先赢谈判对手一局。世上所有的事情都是人在背后操控，人生亦如棋，赢家会用最适合的方式下好每颗棋子。

再者和朋友相处，即便是知己，即便感情很深，在朋友遇到事情需要帮助的时候或者邀请朋友同享美食美景、共度欢乐时光的时候，在花钱的问题上千万别退缩。就算君子之交淡如水，你给人家分别喝依云矿泉水和娃哈哈矿泉水，鬼才会相信效果是一样的，不要把品格论凌驾在人性论头上，会呱唧掉地上的。正谓心可以出世，但身必须入世，和这个世界上的自然规则过不去的人是没有容身之地的。社会的形成是自然的产物，人性的形成也是自然的造化，就像四季更迭、阴阳调和、生老病死，全都是自然规律，不要去试图改变自己最改变不了的东西。钱是锦上添花之物，不是庸俗，对朋友花钱上小气，久之也会让志趣相投者疏远，反之则会加固你们的感情，携手做好更多重要的、有意义的事。古人说的小人之交甘如醴也仅是把没有思想共鸣，完全靠钱维系的酒肉朋友当成小人，因为钱在谋取不当之利时才散发铜臭味，在助友渡过难关或高规格接待友人时是称出心中分量的秤，古人还说过有道之财君子爱取呢。

顺便说说自己对女性消费观的看法，女人必须要爱美，无关是否知识女性，这同样是天性使然。连不爱红妆爱武装的征兵口号都不能除外，女兵军服为何要力求设计得英姿飒爽，想臭美明说本无妨。美丽肯定是需要花钱的，聪明的女人都懂得这个钱花得永远值，漂亮衣衫裙装、化妆护肤品、精美首饰、雅致包包等一个都不能少，钱多买高档的，钱少买便宜的。美丽对于女性特别能提升自信，自信是一种美好的情感，会让自己心情舒畅，生活积极，然后会激励自己多学习增进才艺，进而温婉可人或雍容典雅。

婚姻中只知道给孩子、老公、家人买这买那，辛勤劳作的女子，被贴上黄脸婆标签的可能性会日趋增加，一旦被贴上这张签，还有一张叫怨妇的标签也会在眼前晃来晃去。咱们付出青春塑就的高大帅气魅力老公，携手相伴辛辛苦苦打下的家业怎能让别的女人来插上一脚，必须不给她机会。怎么办，捯饬好自己，有句话叫"没有丑女人只有懒女人",用心拾掇自己真能变化很大,美丽和自信带来的魅力还会扩大自己的交际圈,等结识到很多真正意义的富人时将会发现原来这种积极生活方式竟然能给自己带来赚钱的机会。莫想歪,富人的信息资源和日常谈论的致富经会潜移默化地改变你的人生,让你从听说逐渐变成真实感受到圈子的力量。

说到钱,很多读者朋友两眼放光,有句超哲理的话,叫作花出去的钱才是自己的钱,因为未来的不确定性,永远没人知道明天会发生什么,钱写在自己银行户头下说明不了什么。敢花钱的底气来源于会挣钱的能力,本末还是不能倒置,连钱都不敢花怎么去挣钱和没挣到钱拿什么花是一对矛盾统一的关系,不是非此即彼,辩证法无处不在,只要用心总会找到最适合自己的平衡点来边花边挣。最后真正能赚到钱的通常都是深谙如何整合资源的人,整合资源离不开花钱,敢花钱会花钱的人更能整合好资源。

不再继续总结了,看懂的已懂,是时候翻篇了。

多学通一门语言，会改变你的人生轨迹

发此感慨不是源于看到身边的翻译求职容易，如果深入学习一门外语后，仍单纯从事翻译这个行当，人生的轨迹通常都在以下几种里面选：由普通翻译到译审再到首翻、翻译专家；开翻译社；当外语老师；当自由职业者，按翻译质量和字数获酬；进使领馆、跨国大企业。

但学通学精外语的魅力远不在此，应前文所提，如果能成为人生跨界的工具，那才是威力无比，阿里巴巴的马云先生就是典范之一。

以己为例，意在论事。我现在正从事着技术类工作，还延伸到合同和商务。在专业技能方面随着工作经验的积累，可能会对施工工艺

坦对今生

用且行且思的方式

了解得越来越多，可能对合同条款把握得越来越准，也可能触类旁通，通过摸索总结到的学习方法去探知大量与专业相关的未知领域，任何行业发展到今天，专业上的知识都是一辈子学不完的，学无止境，随便找上一个点去深挖都会发现越研究里面越有道道。做技术性工作，需要坐得住冷板凳、耐得住诱惑，谁都不敢说自己在学术方面触到天花板，遇到发展瓶颈。但人生的突破，深不及广。

谈到了工作，就捎带写点工作的体会。这个社会需要的人才常常和高校打造出的人才不那么合拍，当然现在的教育界也在反思和与时俱进。老眼光里懂得做考试题，门门功课拿 A 的好学生、乖乖女在社会上却经常不被当作人才、不被领导重视是因为和社会需求不相适应，裙带关系等并不是主因。欠发达地区考出来的大学生这种情况更多一些，他们很努力，设想好的人生轨迹大概按这种脉络：考高分，进名校，拿奖学金，进大公司，拿高薪。但走入社会发现，大公司的高薪通常只颁给有头脑、懂经营，为公司创造了更大效益的人，冠以经理称谓的居多。这里面当然不乏学业优秀的高校毕业生，但必须清醒地认识到他们脱颖而出靠的不是曾经的学分，他们能把成绩考得那么优异，本来就有着机灵和聪明，多才和变通，这些潜质是他们出人头地的本和根，他们很勤奋，但更懂得往哪里勤奋，是用勤奋铺垫的取巧。

人的精力是有限的，哪里有那么多超人。如果把时间过多地花费在背公式、背规范、背条款，机械性地忙碌到不知道到底在忙什么，那么激烈的行业竞争、残酷的社会现实将让你喘息再喘息，等忙完这一阵就要开始忙下一阵了，可谓不知为何勤奋、如何勤奋。

很多人都玩过俄罗斯方块游戏，这是苏联程序员 Алексей

多学通一门语言，会改变你的人生轨迹

Пажитнов 打发时间时编的，游戏过程就是通过不停旋转和移动将几个无序的图形变为有序，然后消行。游戏的魅力在于永远无法预知未来会落下什么，无论消除多少行，总会有新的图形落下来，这像极了今天很多坐办公室的劳动者的工作状态，每天案头堆满了各种无创造性的工作，因为担心明天的方块会不断积压，担心 Game Over 而忙得不亦乐乎，但没人去想改变游戏规则。

所以真正聪明的人，都懂得合理高效地使用自己的时间，把相对意义不大的工作都交给那些不需要更高知识层次的工作的人去做，然后去当指明方向的人，剩下的精力去尝试制定规则，我想领导可能就是这么形成的，谁能确定这又不是阶层的起源呢。

我在和身边以法语为主的当地人逐渐往深层次交流时，越来越发现学好一门熟练的外语太重要了，通过第三人特别难以把话说透，翻译的语言功底很高也不行，除非翻译和自己有着深度的心灵默契。伟大的先人创造了神奇的文字使得文明可以记载、传承并焕发光芒，而语言就是有声的文字，好口才能把要黄的事说活，也能瞬间改变一个人，此言不虚。面对面的语言交流不仅是靠听、靠说的，还要从对方表情、神态、语气、语速上去体察不同语境下的细微变化，这才有了谈话艺术一说。而国际合作中，隔着一个人的谈话，谈判沟通效果会大打折扣。

如果认识到这一点，狭隘地讲，对于一个专业上出类拔萃的商务人才，外加一口流利的外语，会使他很快成为有国际业务的机构或企业争夺的对象，他的竞争力一下突破了，哪怕专业水平差点也能达到瑕不掩瑜的效果，薪资可能会跳跃性地上升。在实际的工作中，对专业知识的要求经常没有想象的那么高，反而对综合能力的需求更迫

切。面对当前尤其是人口高密度的亚洲国家激烈的人才竞争形势，这种复合型人才是可以笑傲职场江湖的。

但这种轨迹的改变，还称不上真正对人生的改变，真正学会了一门其他语言，达到通的程度，等于拿到了开启该语言文化里丰富知识宝库的钥匙。不去无意义地追溯殖民、分裂等历史渊源，现实就是一门语言的覆盖区域大大超过了国界，比如法语区就涵盖了30多个国家和地区，说法语的人口已3亿人以上，说英语的那更多了去了，阿拉伯语、西班牙语等都是跟着一系列的国家。

有品位的人看译著是分译者的，而真正有品位的人看国外作品要去看原著的，学好外语后再去看原著，理解到的将完全不在一个层次上。对外国文化、国外技术的深入了解还可以通过看原声影像、走进他们的真实生活，融入共同工作等方式获得，这时才真正打开环球视野，才能品尝到多元文化的盛宴。

能做到或做着上面说的，我想即便和社会名流坐在一张桌子上，也可以从容地喝杯咖啡了，如果想一同去拥抱这个缤纷世界那就去利用好挤出的时间认真学习一门外语吧。

平民的后代能教育成精英吗

探讨这个问题之前,首先把此处的概念搞清晰,自己定义概念是独立思考的基本能力之一。平民是普通老百姓文一点的称呼,用以简单区分达官贵人的一个词,本文的平民泛指手上掌握的权力最多能影响到微不足道的极少数人或拥有的物质财富除去日常必要开支外所剩无几的人。精英,通俗地讲就是不一般人,此处泛指接受过优质教育,所处社会阶层不低于中产,直至在政、商、军、艺等界存在影响力的人。

这样的文题其答案就像丹麦童话里的王子和公主,结局都是幸福地生活在了一起。而童话的真正意义在于启蒙幼小的心灵懂得王子和公主怎样才能幸福地在一起，所以过程才更重要，那教育的话题我们就从胎教说起。

胎教时给孩子隔着肚皮读诗、放音乐，管它有用没用，关键是成本很低，起码从心理安慰上来讲，觉得自己的孩子起点就很高，这对年轻的宝爸宝妈建立信心很有用，所以值得做。

孩子蹒跚学步，咿呀学语，新生命的到来不仅有一夜多起，还有数不完的欢声笑语，陪孩子成长是件累并快乐着的事。幼儿园之前放任就行，和孩子最后精不精英没多少关系，反而过早地束缚孩子童年，让孩子成天学这学那才违背自然规律，对孩子健康成长不是帮助，甚至可能是摧残，起码对想象力是禁锢。

幼儿园阶段对于拼音、识字、英语单词、算术之类的所谓知识能学点就学点，不学也罢，学会与小朋友们友好相处，学会懂礼貌，知道这个世界上还有纪律，这个学就没白上，幼儿园的学费交得也一点都不亏。不过背诵古诗可以有，不用教会孩子理解意思，就是傻萌傻萌地背，孩子这个年龄段唯一有用的知识储备就是古诗文，记忆力发育水平也非常适合背这些，不用担心记不住，书卷气就是这样熏陶出来的，千万别怀疑悠悠中华文明中经典诗文的作用，这些常理常道会让孩子受益终生，随年龄增长自会逐渐明白蕴含的做人道理，儿时的记忆是刻在记忆最深处的，幼儿园阶段多背些《三字经》《弟子规》之类国学经典比别的都好。

别太去满足孩子的好奇心，多激发孩子探究这个世界的兴趣，多在孩子面前表现出一家人的亲密，经常把孩子搂一搂、抱一抱、亲一亲，让孩子感受到亲情的温馨，感觉到爱，感到安全这对孩子情商的培养特别重要，学坏的孩子大都是缺爱的孩子。想靠填鸭式早教赢在起跑线的父母到最后可能都想不明白自己咋输的，因为没人告诉你这个口号都是挣什么钱的人提的，不能急功近利更加适用于教育。

小学怎样进名校就各显神通去吧，有条件可以考虑送孩子读私立精英学校，教育的投资是回报率最高的，有眼光的父母可以降低别的条件换取给孩子创造好的教育条件。各个学习阶段的著名学校都是有志向的家长和孩子要去追求的，名校的师资、硬件设施优于一般学校这不是重点，孩子最爱和同龄人比较，拥有一帮学霸的同学更能逼出好学生，将来广泛的人脉资源才是人生财富。真正学业优异的学生做事大多也差不哪里去，学习成绩好完全不影响他们还可以兴趣爱好广泛。有理想和追求无论在校园还是在社会都是优秀品质，而丰富的学识所拓展的眼界将是成功的关键要素。

小学阶段有个非常不好的普遍现象就是家长陪孩子做作业，教育专家尹建莉写过一本《好妈妈胜过好老师》的书，里面讲了一个关于孩子写作业的故事非常给人启发，下面我加上些自己的理解讲一下督促孩子做作业这个事情。

家长在旁边全程陪着，还不时对错误的地方呵斥是特别事倍功半的方式，经常以孩子烦透了、妈妈气晕了收场。让孩子自觉写作业才是正确的学习方式，这个大道理讲起来很无聊，怎么做到是关键。

要想纠正孩子不按时完成作业的行为，首先必须早日让孩子养成好习惯，习惯则会让写作业变得轻松和理所当然。尹建莉老师支的招很管用，最好在孩子刚开始畏惧老师的权威时就试。老师在小学生面前的权威地位是很容易确立的，所以根本不用担心不切实际。

如果孩子没有放学后先写作业后玩的好习惯，自己一定别主动去提醒作业未完成，要装得毫不知情，任由孩子玩耍，通常孩子用不到上床睡觉时就会自己想起来的，最晚也不超过第二天起床后。如果孩子在玩累了玩困了的时候才想起作业来，恭喜你，就要见效了。这个时候一定要心平气和，千万不要斥责一些如"活该""早干什么去了"之类容易引起孩子逆反的话。父母可以表现出很惊讶，"呀，你今天还有作业没写啊"，并马上和孩子站到一边，问问究竟有多少作业没完成，需要多长时间，然后好意地和孩子商量对策："这么晚了，要不明天早点叫醒你，提前一个小时起床？你要是真起不来，我明天给你老师打电话，就说这次作业忘了写让老师原谅你一回，你看行不行？"孩子对于作业有种天职的心理，不做作业会产生负罪感。课堂上老师的批评是特别伤自尊的事情，这样的心理战对于小学生是很难招架的，最有可能的结果是孩子无法安心入睡，心理斗争后揉着红红的眼睛，老老实实地一个人委屈地趴在小桌子上写到很晚很晚直至全写完或者仅留下确信第二天早晨能补完的一点点作业。要的就是这种效果，必须让孩子自己懂得不写作业的后果很严重，犯下错误就要承担责任。如果以后再犯，类似对待，要不了一两次，孩子自己就改过来了。这就是讲求教育方法。

全程陪做作业不是好做法，家长守在旁边孩子很有心理压力，写作文没思路，做数学也心慌，只会把孩子的那点自信全折腾光，等孩子写完统一检查，然后平静地指出错误让他改正才是好陪读。

尤其是关于小学阶段子女教育方面的书，书店里、网上都特别多，如果不带恭维和世故去说实话，的确这里面很多书的内容太长，反而导致家长读完合上书后做法几乎没有改变，因为成年人工作很忙，耐心有限，打眼一扫目录，都是大道理，哪有心思细读。不打动就没有行动，精短地写点不广为人知的、讲得出道理的经验才会有人认真看。

孩子的品行蕴含着家庭教养，这方面容不得马虎，其重要程度超过教会课本知识。这需要从生活点滴的要求做起，要在朝夕相处中及时提醒、叮咛孩子如衣服要干净整洁、吃饭别吧唧嘴、夹菜不能甩菜汤、见到长辈多问好、答话要有礼貌、对小朋友多谦让等，小的时候养成了好习惯，长大后一般会主动去学习社交、商务等礼仪，自会习得举止大方、言谈得体。

还有启发式对话是一种好的家教方式，枚举几段情景对话：

孩子过马路，看见有人闯红灯，问爸爸："他们怎么不等绿灯亮就过呢？"爸爸回答："可能他们有急事吧。"孩子说："我也急着上学啊，那能不能也跟着闯呢？"爸爸又答："坚持去做自己认为对的事，别受错误的引诱。"这种自律教育有爱又亲切。

带孩子在餐馆吃饭，邻桌人声鼎沸，孩子问："为什么旁边这桌人说话声音这么大啊？"妈妈说："可能他们今天觉得特别开心吧。"孩子又问："那为什么你每次都让我在公共场合小声说话？"妈妈回答："任何时候，心里要多装着别人，我们不能太多去要求别人做什么，但可以要求自己不去做什么。"这种体谅和圆融教育，润物无声。

再如上学路上，遇到环卫工人，爸爸这样问孩子："你觉得打扫卫生的阿姨每天起这么早扫马路，保持大街上干干净净，是不是值得尊敬？"孩子说："嗯。"爸爸说："下次见到阿姨，主动问好，记住这是因为尊敬，如果想表现自己素质高，那就不要对人家问好。"这种真诚教育才叫言传身教。

对孩子在用度上不能放任，必须培养孩子节约的习惯，这个世界上的资源是留给所有人用的，有钱不能成为浪费的资本。有些孩子这样戏谑：我视金钱如粪土，父母视我如化粪池。有钱和有教养隔着一道墙，想受人尊敬先要推翻这道墙。

对于孩子的家庭教育，还可以尝试一下身先垂范、基因认同暗示这种共荣效应，将门出虎子大抵出于此因。想把孩子教育成精英，得自己先努力往人杰上奔，因为孩子的心智还不成熟，他不知道自己将来能取得多大成就，但拥有一个事业有成的父亲、才智过人的母亲，孩子就会觉得自己肯定也能行，这种感觉加上良好的家庭条件，最后很可能孩子成年了果真非常优秀。

有一个很逗的段子，有一个孩子不好好学习，又被妈妈训斥了一顿。这小子叹息道："唉，这世界上有三种笨鸟，第一种是先飞的；第二种是嫌累不飞的；第三种……"妈妈就问："第三种是啥样的？"孩子翻翻白眼："就属这第三种最讨厌，自己飞不起来，就在窝里下个蛋，让小鸟使劲飞。"

要想孩子成大器，自己先撸起袖子加油干，光知道把孩子折腾得苦不拉几的不一定管用。而孩子自己勤奋那也是必须的，不吃苦想成功对吃苦的人是多么的不公平，上天将第一个不答应。来自血缘或血统的自信，将会带着强烈的心理暗示为孩子坚定目标和方向，精英之路是可以这样一代代打造的。对于步入中年的我们这代人，头脑一热就辞职创业不是心智成熟的表现，先稳住心神，别忧前顾后，珍视每寸时光，走好每一步路，多爬几层台阶，条件具备时再自己开辟新天地，让孩子竖起大拇指，赞他爹好样的，两代人就这样击击拳，一句加油，胜过太多说教。

孩子进入中学后，不可避免地要疏远家长，慢慢有了他自己的天地，这时家长要做的是引导，不要老用自己的那套去要求孩子，时代在变，价值观在变，未来掌握在孩子们手里，他们不会把国家糟蹋得不成样的，还是多操操自己的心，总想些不该想的只会老得快。

对孩子的引导不妨从这些具体的事入手，周末和小长假多带孩子到博物馆、科技馆、美术馆、少年宫、图书馆之类增长学识的场所转一转；放假了带着孩子多去中国的知名中学、双一流学府看看，感受氛围；能创造出条件的，带孩子去美国、欧洲、日本等地的著名大学去转一转，认知一下世界优秀文化，为真正打开视野埋下种子。多给孩子推荐些真正有思想、有见解的书，和孩子探讨着阅读，不要误把读书多当成学问大，书山里也藏着烂石头，要尽量帮孩子去选好书读，把读烂书的时间给读好书留着。带孩子一起多接触新科技成果，比如球幕电影、3D打印、VR穿戴等。抛砖引玉一下，比如陪孩子看《疯狂动物城》的同时，给孩子讲解社会的和谐共处；比如陪孩子看BBC录制的纪录片《荒野间谍》时，给孩子讲解拍摄者制作间谍叶猴、白鹭、松鼠、狐獴等的奇思妙想以及大千自然的趣味横生，还有迪士尼公司拍摄的优秀影片也非常棒。通过多见识增长知识，真正激发孩子学习兴趣。如果想陶冶孩子的情操，熏染孩子的书香气，不妨让孩子看些优秀的视频短片，如"中国唱诗班"系列作品《元日》《相思》《游子吟》《饮湖上初晴后雨》等。由濮存昕、于文华等人联合参与制作的音乐电视《兰亭序》已把曲、字、画的意境完美结合，也强烈推荐。如果想给孩子讲广告创意，可以播放一段以消防员为主题的华为Mate 10 Pro手机广告片，还有华为国外宣传片《Dream It Possible》等。谨记选择优秀的作品才会启迪心灵，不是所有的。

南方的富商里不少人有意带着孩子进高档会所、观豪宅名车、览世界名胜，目的是让后代早早感受掌握财富后的美好人生，激发斗志，继承父业。我觉得很有可借鉴之处，能创造条件就该适当让孩子尽可能接触更上层的生活，见识是需要家长带的，一味去看繁华富贵那肯定是不行的，也说不上见过世面，还要去看穷的地方，如偏远山村，如果自己的上辈生活在条件很差的农村，最好让孩子每年假期过去住段时间，干点农活流流汗，手上脱层皮，切身体会到生活的艰辛，看到社会的差别后，孩子会自己反思的，年轻时吃过的苦都将变成将来享不尽的福。

如果想让孩子将来有一番大成就，有一种不提倡的方法就是先替孩子报名参加魔鬼夏令营练练胆，然后带他去无人区体验最原始的大自然，理解生存和绝望，得到彻悟。刚刚上映的由赵汉唐执导的首部华语极地探险电影《七十七天》，拍摄的场景就属于刚说的拷问生命之旅应去的。

培养孩子成才，品质是最重要的，这需要长期的正确引导和父母共同以潜移默化的方式去影响。孩子在幼年和年少时，母亲通常占据教育的首席；孩子青年和成年后，父亲的角色就越来越重要了。关于品质，有篇文章概括得很全面很到位，即感恩、宽容、乐观、自信、勤劳、诚信、礼仪、担当、坚强、主见。孩子在做事时要有专注态度和合作精神，要善于反思，学会承压，不惧失败，勇于挑战。此外，平时还应讲卫生、勤锻炼。

一个称职的父亲要在孩子面前注意自己的言行，比如下班后按时回家，待人接物有修养等，这些都将影响到孩子的未来。

孩子来到这个世上，是和父母的一场缘分，不要认为自己生养的孩子就应该属于自己，引领着孩子走出精彩人生是为人父母理所应当的事情，总想着回报的爱不是爱。和孩子平等相处也是培养孩子自尊很重要的方式，把孩子教育优秀了，孩子自会加倍报答父母的恩情。

关于中学以上阶段教育的话题，有一篇好文推荐给没读过的读者，就是江西财经大学吴辉老师写给考入西南林业大学的女儿的一封家书，带这么多关键词，网上一搜便知，具体内容就不在此写了，这样的文章值得一读。

平民和精英只要心灵体面地活着，都值得所有人尊重，但精英毕竟是更高的人生追求，因为有了奋斗，生命才变得有意义，所以才写下平民向精英转变的这篇感悟。

教育的核心是优秀品德的传承以及知识的不断获取和熔炼提升，得其精髓方知要义，确立了世界观才好谈方法论。

最后以诸葛亮临终前写给幼子的千古名篇《诫子书》作为结尾吧：

夫君子之行，静以修身，俭以养德；非澹泊无以明志，非宁静无以致远。夫学须静也，才须学也，非学无以广才，非志无以成学。淫慢则不能励精，险躁则不能治性。年与时驰，意与日去，遂成枯落，多不接世。悲守穷庐，将复何及！

信息科技时代,忠孝不再难两全

　　自古忠孝难两全,志在四方的好男儿,望穿了多少爹娘的泪眼。但历史的经验总是被后人改写,依靠科技的伟大力量。

　　桌面右下角闪动的小企鹅像燎原之火,星星点点地照亮了越来越多的网民,但电脑的普及速度并没有想象中那么快,特别是农村里文化水平低的父母,对电脑似乎有种天然的抗拒,最后的妥协结果是把买电脑的钱以留作家用的名义放进了木箱子,最后全用在孩子的压岁钱和过年的鞭炮上。老人这么做,不仅仅是出于毕生俭省的习惯,少给子女增加负担已成为整整一代人的无私和善良。

　　腾讯公司的掌门人慧眼识珠,邀请到一个有性格的传奇人物张小

坦对今生
用且行且思的方式

龙带领着自己的程序员团队加入麾下，用代码书写了一段互联网神话。微信横空出世，荡平了太多叫这名那名的通信类应用，拥有的用户数量呈几何倍数增长，具体有多少人用微信，交给大数据去统计吧，反正给人的真实体验是用微信的人太多了，尤其是中国人，手机里没安装微信，出门已不好意思打招呼。这个伟大的App真是做得太符合国人的口味了，当然另外一个重要原因也是得益于顺应了时代潮流，就像电影《战狼2》的惊人票房一样。

智能手机和移动互联网的快速普及，助力QQ和微信拥有了不可思议的用户群，让老百姓们切切实实感受到便利的同时正悄然改变着中国人的生活方式。父母在，可远行，给父母买一个手机，代为充值，随时随地可以让父母通过视频看看自己的小家又做了什么吃的，孩子又掉牙没有，顺便看看游玩时周围的风景；也可以透过摄像头看到父母脸色红润了没有，老家是不是新收了庄稼，桌上的麻将谁和了，顺便听听日渐苍老的熟悉声音。

和老人语音或者视频闲聊，都互不关心具体聊了些什么，要的是存在感，让老人感受到子女就在眼前，管你当什么长，干哪行差，还可以想说啥就说啥。让子女感觉到老人逐渐驱散孤独，笑得还是那么自然和亲切。相信了世道有轮回，从小时候扯着父母的衣角担心把自己一人留在家，变成了父母哀怨地看着自己坐上车，挥手说走吧走吧，站在车屁股后头一动不动。

为生计忙碌，为生活奋斗，使得回家成为了奢侈。没关系，互联网帮你实现愿望，在不在父母身边并不是亲情联系的唯一方式，勤电话，多视频，音容在，人就在，父母的要求很低，听到、看到子女生活得好好的，就心满意足了。真回了家，还是多帮着洗洗碗，刷刷筷子吧，把孩子尽量多留给老人逗逗陪陪，老少一堂其乐融融的感觉才有家的味道。

中国"一带一路"沿线国家的媒体评出中国新四大发明：高铁、支付宝、共享单车和网购，这些充满着智慧的新物件着实不错。

虚幻中的互动影像虽然可以很大程度上满足老人的心理情感需要，但亲情的陪护还是不可少的，高铁这种让国人为之自豪的快速出行方式可以帮助大家实现心愿。老人的身体通常会随着年龄的增长越来越糟，生活在大城市的人群经常坐高铁回家看看，带老人多体检几次，也拿出自己小时候爹妈观察自己时的细心，多从细微变化里捕捉老人的健康状况，身心的健康是幸福晚年的保障，需要儿女一同用心去呵护这份健康，别全靠保险公司。

让年迈的父母和成年子女一直生活在一起，存有太多的道德绑架，两代人不同的生活圈很难产生交集。当父母身体还很健实的时候，保持适当的距离本就不是坏事，这厢制造着想念，那头回到所熟悉的生活空间，就别去找那么多的不自在。父母养儿防老是贫穷无助所留下的无奈，最好的理解应该是儿子依然是养老的最好保障，但为防老而养儿显然把亲情功利化了，是一种对老人晚年自尊的伤害。

儿媳和公婆之间不那么好朝夕相处很正常，这没什么肯不肯承认的，牙齿还常咬舌头呢。公婆对儿子一家的生活有不适应、看不懂、看不惯等各种纠结，非要用道德捆绑在一个屋檐下，大家一起讨苦吃，就像两个不爱喝酒的朋友互相劝，难受了胃还瘪了钱包，就为了外人眼中的孝道而活丢了自己，完全不值得。

正确的打开方式应该是等老人腿脚不太灵便了，接到距离自己家非常近的地方买个房或租个房安顿下来，家里做了好菜，或有什么好吃好穿的经常给父母送点，老人捯饬点好东西也喊喊儿女。这样难道不好吗？而国外的"搭伴养老""以房养老"等模式视老人的意愿也都可以商谈，但首要的前提是老人必须真的喜欢这样。

感谢伟大发明，感谢新时代，攻克了忠孝都想要这个古人想破了脑袋也没解答出的难题。

人工智能不是洪水猛兽，可以这样拥抱未来

  2016年3月15日，一场人机围棋大战拉下帷幕，第5场比赛结束，4∶1的总比分定格了人类的惨败。谷歌围棋人工智能AlphaGo轻松战胜世界围棋冠军、韩国职业九段选手李世石，随后和人类围棋顶尖高手较量60场无败绩，捡拾了吃瓜群众一地的愕然和茫然。这远远没完，2017年10月18日，DeepMind团队公布了代号为AlphaGo Zero的升级版，它的独门秘籍是"自学成才"，从零基础经过3天自我对弈，然后以100∶0的成绩秒杀了AlphaGo。以人工智能、物联网为显著标志的"工业4.0"时代就这么悄然走近。

  第四次工业革命不是空穴来风、危言耸听，它正有形地快步走进千家万户,描述它的关键词有:可植入技术、数字化身份、物联网、3D打印、无人驾驶、人工智能、机器人、区块链、大数据、智慧城市……

蒸汽机推动了第一次工业革命,流水线和电力引发了第二次工业革命,半导体、计算机、互联网催生了第三次工业革命,高度智能化与信息化的新科技产品大爆发正在迅速掀起第四次工业革命。科技改变旧世界的力量是摧枯拉朽的,其颠覆性就像数码相机扫荡柯达胶卷,手机去和BP机抢占市场,已成为一场不对称的竞争。

中国摸着第三次工业革命的尾巴,已深刻体会到科技力量的强大,现在伴随着中华民族实现全面崛起的雄心,牢记着落后就要挨打的教训,国家领导层通过资金支持、政策鼓励等方式正在抢占先机,争当这次科技革命的领跑者,"中国制造"一词不断被"中国智造"刷屏。这一轮技术革命的目标就是构建一个高度灵活、人性化、数字化的产品生产与服务体系。

2017年10月13日,中国人工智能产业发展联盟成立大会在北京隆重召开。国家发改委、科技部、工信部、中央网信办,以及有关专家、学者和企业、机构代表300余人参加了会议。科技部副部长李萌在会上表示,国家正推进《国家新一代人工智能发展规划》实施工作。根据网上披露的消息,国家将加强人工智能开源开放创新平台建设,初步考虑依托阿里、腾讯、百度、科大讯飞在自动驾驶、城市大脑、医疗影像、智能语音等技术方向作试点。中国要举全国之力,在2030年抢占人工智能全球制高点,在科技兴国之路上时刻准备着弯道超车。

为了将这些激奋人心但又可能导致某些人五味杂陈的消息具体化,

人工智能不是洪水猛兽，可以这样拥抱未来

随便举几例：

近期百度与北汽宣布将联手在2019~2021年前后实现L3、L4级别自动驾驶车辆量产，这种发展态势对司机这个行业的冲击眼下还未真正显现。

2017年的翻译圈被科大讯飞晓译翻译器吸睛了，一个小巧的翻译器，只需按住蓝色按钮，对着讲中文，松开后就能用英语说出来；按住红色按钮松开，瞬间英译中，强大的数据库保证了极高的准确率。部分翻译人员的饭碗会不会被它砸？

据《新民晚报》描述，2017年9月2日，上海十院肿瘤科方珏敏博士把一例63岁男性结肠癌肝转移病历的病理数据"讲"给IBM机器人医生"沃森"听，包括治疗史、分期特征、转移情况等。沃森医生"思考"了十多秒钟，在庞大的数据库里阅读了3469本医学专著、248000篇论文、69种治疗方案、61540次实验数据、106000份临床报告。然后在电脑屏幕上开出了一张详细的诊疗方案分析单，还列出了详细的用药、治疗建议、参考文献等。只会靠机器检查结果开方的医生还能在医院待多久？

2017年9月15日，在上海举行的一场分享沙龙上，德勤智慧未来研究院机器人中心的叶建锋展示了新产品德勤"小勤人"，仅几分钟就完成一般财务人员几十分钟才能完成的基础工作，这应该仅是开始，初中级会计有没有感觉一阵紧张？

2017年9月23日，在世界无人系统大会上，饿了么无人机载着外卖成功试飞。外卖骑手大军压力山大的感觉有没有？

2017年9月24日，在深圳的一个论坛上，深圳神州云海公司制作的法律智能机器人"艾娃"向与会者做了一场表演，那本来是法

律咨询行业从业人员的活，我们完全有理由相信这只是起步。

继无人超市后，2017年10月10日，在2017年杭州云栖大会蚂蚁金服ATEC展馆内，阿里公司"未来智能餐厅"闪亮登场，无须钱包和手机，更没有服务员和收银员，全程智能隔空点餐，吃完就走，太魔幻了。你这样任性，让服务员和收银员今后何去何从？

2017年11月6日，"2017年临床执业医师综合笔试"合格线公布，科大讯飞"智医助理"机器人轻松考出了456分的成绩，而临床执业医师合格线为360分。医师下一步该往哪方面转型？

搬砖这活可能也没得干了，德国砌砖机器人3天盖好一栋房，不要加班费，也不需涨工资。

人工智能如洪水猛兽，气势汹涌地扑面而来。如何在这场无法躲避的科技洪流中抓住自己的那根树枝，值得每个人思考。

有人这样判断，不久的未来，资本大鳄、独特个人、高深技术掌握者将傲立潮头，低端产业的劳动者将被拍落浅滩。我觉得这样说没有错，但仍然坚信普通人也一定能找到活得精彩之道。

一个勤于思考，不甘落后的人，应该首先认识到新科技的发展是以给人带来更大便利，将劳动者从机械性的重复工作中解放出来作为动力，所以不应将它视为洪水猛兽，要备感亲切才好，先喜爱再去驾驭就得心应手多了。毫无疑问的是，人工智能的发展将会越来越多地取代人的简单工作，对于从事技术含量低的工种的人，将首先受到冲击，这就需要敏锐地察觉出未来劳动力市场如何重新洗牌，辨识自己应该如何调整努力方向。

想在未来站稳脚跟，学习将排在首位，因为这是解决所有问题最可靠的方法。我认为，人工智能虽然能做很多事，而且做得更快更

人工智能不是洪水猛兽，可以这样拥抱未来

好，但它是冰冷的，人在这个世界上是需要情感陪护的，人类统治的星球肯定是人做主，能使人获得美好情感体验的行业将不会成为夕阳产业，而这些方面知识的学习既能提高自己适应未来的能力，也会不断提高自身的素质和修养。

从事艺术创作并孜孜不倦追求的人将依然活得超然洒脱，比如认真读到下面这样的诗句：

那一夜

我听了一宿梵唱

不为参悟

只为寻你的一丝气息

那一月

我转过所有经筒

不为超度

只为触摸你的指尖

有没有心灵受到洗礼的感觉？音乐、书法、绘画等都不会成为过去完成时，因为她们都是心灵的美好依托，就倚在情感倾诉的角落，在科技文明发达的未来或会加剧心灵之泉的干涸，抚慰内心的艺术创作类工作应更加容易获得人们的青睐。

从事创造性的工作，如产品设计、广告企划、建筑设计等也将焕发异彩。我觉得人工智能在自我创新方面想超越人脑是非常困难的，会做奇思妙想的设计将提升职场竞争力。

在学术上向精深发展，力图在某个极小领域不断实现新突破，也是很好的途径。未来互联网的快速发展将会导致信息的传递极其快捷，知识的分享也将蔚然成风，大众化普及类知识将变得廉价，必须

钻研出新的真正属于自己的东西才会被周围重视。

学会跨界，将自己的知识领域拓宽是完全可以尝试的，有能力从事多个行业的人将会在职场里脱颖而出，也最有可能在商战中成为王者。知识的边界将在未来越发模糊，学会融合才可立于不败之地。同时掌握两门学科较深知识的某个人，能力要超过仅掌握其中一门学科同样知识水平的两个人之和，因为两个人的配合永远无法达到合为一个人的默契程度。

跟随潮流去学习不断热门的职业所需的专业知识并去从事这些职业也不会错到哪里去，人也不必太长视，谁又能把未来看得那么准呢。

要是再具体化，我觉得和人类生活息息相关，无可取代的职位或社会分工大体有这么一些（排名不分先后）：提供公共服务的党政机构里和国家发展社会进步关联密切的部门、掌握金钱和资源的精英阶层、优秀军人、科研及教学工作者、从事艺术创作和工业及建筑等设计的人员、技艺超群的业内尖兵、餐饮娱乐等服务行业的佼佼者、新农业以及和生态环保相关的人员、心理咨询师或情感陪护人员，等等。这些人将组成未来可生活光鲜的群体。

那如何拥抱未来才好？我觉得先选好适合自己的有前景的行业，如果无法选择那就通过在现有岗位做出成绩被他人认可来慢慢爱上自己从事的行业，千万远离抱怨，认真干好自己认为有意义、有价值的每件事，任何时候都要多替他人着想，多换位思考，一点点积累经验和成绩，做到这些，未来一定不会很差，你信不信我不知道，反正我信了。

爱国是一种什么样的情感

说起爱国，有人热血沸腾，有人义愤填膺，有人滔滔不绝，有人拍案捶胸，我觉得先要冷静。

国是从何而来？不必去翻历史典籍、卷帙巨著，独立思考通用任何话题。国家应该是社会发展到一定阶段，社会财富不断增加导致出现了分配和争夺，个体的力量不足以抵抗外部威胁时，相似性较大的族群自然结盟，自愿放弃个体的部分权益，然后形成集体意志去抵抗针对本族群的侵犯，就这样自然演化而来的产物。先哲马克思认为国家是阶级统治的工具，我们应该把它当作众多学说中一支，并用发展的眼光来看待。在封建社会上述特征比较明显，因为财富高度集中后，王权需要借助军队、刑罚机构等国家机器来维持统治，国与民之间爱恨交织。但新时代的主题已换，和平、共赢、民主、文明的声音响彻全世界，特别是互联网时代获取知识渠道发生深刻变化，已使得民智大开，老一套的做法必遭历史唾弃，终将失败，国将越来越成为人民之国。

国家起源于获得安全的保障，所以爱国本无须过多宣传，她是一种出自本能的情感，国家治理者只是为了进一步凝聚人心才反复倡议。

简单翻看一下历史，将发现生活在当代中国是值得庆幸的，会让国人不由地去集体热爱这个如母亲般血脉相连的祖国。我是不是溜须逢迎、吹唱赞歌，可以通过下面的认识和理解由读者自行判断。

一个人喜欢另一个人，一定是对方的优秀之处吸引了自己，这个观点应该是比较容易接受的，而幸福是种感受到世界美好的心灵体验。我不提当今中国处在持久的和平环境中这类老套，只想说我们不能总沉浸在底层生活苦，工作打拼累，经商竞争大，从政也很难这类负面情绪中，眼下的困难都是暂时的，都是给自己不努力在找借口，每个人都应该向前看，看利好。愁眉苦脸是一天，喜上眉梢也是一天，生命就是那么多天，如何选择只能是自己看着办。处在当前这么好的历史机遇期还在喋喋不休地抱怨，那只能说自己甘愿生活在自己的唾液里。

羸弱的国家用微弱的声音呼着爱国，那只是怜爱；欺民的国家用洗脑的声音喊着爱国，那不是真爱；国力日益强盛、国民经济繁荣、执政党为民谋利的祖国重提爱国，这才是热爱，而且是挚爱，这折射出的是真实的人性取向。近年有句话说得好，"出国是最好的爱国主义教育"，中国人曾经艳羡的欧美澳，日韩新等发达之国，不知何时起变成了还不如咱家哪儿哪儿之国。说着这种话的中国游客不是什么自大狂，都是脱口而出的普通你我，相反越来越多的外国人开始反思和重新审视中国，学中文也慢慢变成热门，这种变化让身处国外的中国人体会更深，也备感自信、自豪。

说到这里，捎带对自序里提到的周小平隔空对话一两句吧。我知道周小平的名字始于那次中央文艺工作座谈会，也由此关注了周同学的《今日平说》，读毕满满激情荡漾的文章，很佩服他的才情和视野。作为比周小平虚长几岁的我，感觉其早期文章对中年的愤懑还是略失偏颇，特别是在国外长期生活过的中年人群对这个世界的认知普遍很客观、理性，思想日趋沉稳，我不认为国外是歌舞升平的世外桃源，还亲眼见到国外的月亮就是又大又圆，那只是因为空气质量好，我们评论起不同国家的政治、经济、文化、军事、外交等好就是好，不好就是不好，不谄媚、不自狂、不误导。比如日本，虽说在民间快成中华公敌了，但他们在工业机械化、自动化、智能化方面的科技水平，他们在海外资本市场隐匿惊人财富的商业智慧，他们谦虚谨慎、精益求精的苛刻精神放在今天仍然值得我们继续称道和学习，他们外表谦恭、内心野性的民族特性时刻让我们不能小觑。

国外的世界在熠熠阳光下也存在着大量的阴暗和不足，既有真诚、仁爱、善思、致志，也有抢劫、无理、推诿、低效，这像极了一片伏地的草叶，有向阳的一面肯定也有向阴的一面，符合自然世界普遍存在的两面性特征，这点上万物相通。深入国外世界长期生活过的中年一代更加明白，国外没有慕洋犬吹嘘的那么美丽、富足，阴险、狡诈、懒惰的人遍地都是，但即便如此，必须要承认世界之博大，值

坦对今生
用且行且思的方式

得中国学习和借鉴的东西非常之多，欧美等发达国家的科学创新精神，工业制造上精益求精的追求，各种先进的工艺和管理方法，以及对人文关怀的思索，对生命的敬畏和悲悯之情等都在此列。知己知彼方能百战不殆，切忌自满自傲。中国蓬勃发展，蒸蒸日上的态势值得有批人去大书特书，这是振奋人心的需要，是国民重拾信心，在中华民族伟大复兴的新征程上齐步共进的原动力，是动员令、倡议书，是积极向上的正能量。

中国的经济发展成就有目共睹，这是在党和国家正确政策指引下全体中国人民共同创造的功绩。

首先可见的是科教兴国战略思想已广结硕果：中国在超大型工程建设上的施工和管理水平国际同行们都心里最清楚；中国"复兴号"高铁技术在世界的排名已无须直言，中国工程师正在试图将海底真空超级高铁变为现实；中国的载人航天、空间站、高超音速飞行器、反舰弹道导弹、载人深潜器、量子通信、北斗系统、暗物质粒子探测卫星等高新科技成果全面开花，举世惊叹；中国的核战略威慑能力不容任何国家小觑；中科院半导体所研究员林学春带头攻克的激光成形钛合金大型主承力构件制造技术，被成功应用在国产 C919 大飞机上，这项技术谦虚地说不落后；中国的微晶钢技术已从实验室走向产业化；中国军工领域的电磁弹射和 AIP 技术已成功运用在航母及潜艇上；国家并行计算机工程技术研究中心研制的"神威·太湖之光"超级计算机运算速度全球首屈一指，可模拟宇宙、大气动力学，需要的时候也能模拟核爆炸等；晋东南—南阳—荆门特高压交流试验示范工程的技术已不是世界第二的水平……

经济领域，在走向国际结算货币之路上人民币也迈出了坚实步

爱国是一种什么样的情感

伐：中国先后和韩国、蒙古国、越南、缅甸、马来西亚、白俄罗斯、印度尼西亚、阿根廷等越来越多的国家签订了双边货币互换协议；中国银联卡在韩国、泰国、新加坡、德国、法国、西班牙、比利时、卢森堡等诸多热门旅游国家可直接使用；中国和周边国家正在先从边境推行人民币作为区域性结算、支付货币；2016年10月1日，人民币正式加入国际货币基金组织SDR（特别提款权）货币篮子，成为人民币国际化的重要里程碑事件。2017年6月，欧洲央行宣布，将价值5亿欧元的外汇储备从美元转成了人民币，这是什么信号？人民币在作为其他国家外汇储备的总额上节节攀升，沙特会不会带头用人民币来结算石油呢？值得拭目以待。

在外交上，中国设立东海防空识别区，钓鱼岛巡航常态化，南海筑礁等举措已让严正抗议一词改从他国外交部发言人口中喊出。菲律宾向中国示好，新加坡向中国靠拢，中俄两国在领导人个人魅力外交的促进下，通过能源和其他利益互换建立了稳固的友好关系，中美这两个大国的重头戏外交依着庄园会晤→瀛台夜话→白宫秋叙→海湖会晤→故宫同行的轨迹一路走来，G2新型大国关系的脉络逐渐清晰。特别是中共十九大成功召开后，中国的宏伟蓝图和伟大设想让每一个中国人都心生向往、热血澎湃，让每一个外国人都心灵震颤、低头沉思，"一带一路"、不忘初心、全面小康、民族复兴等关键词让国人感受到东方大国昔日的荣光又在招手，一个睿智、宽容、和平、繁荣、自信、担当的当代新中国形象正在世人心目中渐渐确立。花若盛开，蜂蝶自来，与人与国都一样。

文化和制度自信也在达成广泛共识，媒体的宣传也越来越没有恭维的意味。四大文明古国中文化传承至今的仅有中国，文化的优劣由此可证。古埃及、古巴比伦、古印度的文字伴随着古老文明的消亡，都被深深掩埋在民族侵占、朝代更替的历史尘埃中，唯独中华文明一枝独秀，如一束强光，一路照亮着炎黄子孙的漫漫征程。中华文明之博大精深无人可怀疑，由于汉字的独特魅力，使作为后人的我们得到了文化的一脉相承，先祖们留下的圣言宝典今天仍能从中直接悟出深理、学到真知，浩浩荡荡几千年的文化底蕴成为文化自信之根。

中国的制度以成就和高效展现出强大的生命力，自信得有底气、有张力，正颠覆着西方的思维模式，引发了世界各国执政者们的广泛思考。中国特色社会主义是中国共产党带领人民选择的道路，是用事实证明了正确性的道路。

在军事上，我们国家不争霸、不外侵已刻写进文化基因，于是我们才在世界人民面前气宇轩昂、底气十足地挥舞着合作共赢的大旗广结天下友邦。但不逞强并不意味着示弱，虽礼让有加，但护我国民之心矢志不渝，一旦出手就出奇制胜，在国际舞台上不断展现大国气度。

2011年2月，利比亚陷入战乱，安全局势迅速恶化，卡扎菲政权被推翻。中国政府果断采取行动，通过驻外使领馆协调了希腊海军军舰撤侨，还有大批以经商、务工为主的中方人员途经突尼斯、埃及等邻国平安离境。据官方报道，2011年2月22日至3月5日，中国政府协调派出91架次民航包机、12架次军机、5艘货轮、1艘护卫舰，租用35架次外国包机、11艘次外籍邮轮和100余班次客车，海、陆、空联动，将35860名中国公民平安撤出利比亚。我当时就身处利比亚邻国阿尔及利亚北部，所在地倒受到冲击很小。此举让身处国外险境的中国人进一步理解了国家的含义，让全体中国人顿时找到了心在一起的感觉。

爱国是一种什么样的情感

2015年3月,沙特等国针对也门胡塞武装实施空袭后,3月29日和30日,中国政府再次出手营救,571名在也门的中国公民分别从亚丁港和荷台达港乘中国海军临沂舰、潍坊舰安全、有序撤离也门,经吉布提乘民航航班陆续回国。随后这支舰队还安全撤离了数百名以外国人为主的在也门中外侨民。再度展现了中国政府沉着、果敢、有序、高效的处事风格,从那张一个女兵牵着小女孩的手的普通照片上,已能读出越来越多的普通中国人不经意间流露的幸福、自信和从容。

爱国是种什么情感?是对文化的认同感,对族群的归属感,对未来的安全感,是我们每个人自觉拥有,出自本能的美好情感。

让自己每天快乐得不要不要的

快乐是人最朴素、最真实的情感需求。当今的中国正在开启全民娱乐的时代。快乐永远是生活的调味剂，是不惧未来的助推器，它能调动起积极乐观的情绪，让人变得头脑灵活、思维敏捷、活力四射起来，促使不断自我超越、活出精彩，有助于长期保持最佳的工作状态。话锋陡转一下，本文的快乐指的是追逐心灵彻底放松的那种快乐，是和玩物丧志划清界限的。

成为一个内心快乐的人，首先要阳光。所谓的阳光，就是不要心存恶念，不要背后算计，要待人坦诚、率直又不失圆融，语言诙谐、风趣又不失分寸。

坦对今生
用且行且思的方式

很多人常提教养一词，我认为最大的教养就是平等视人，既不要仰人鼻息地活着，也永远不能仗势凌人，遇事多设身处地为他人着想，学会习惯性换位思考，不去消费别人的不幸，不去显摆自己的优越。

中国香港著名作家倪匡的妹妹亦舒在她的小说《圆舞》中写道："真正有气质的淑女，从不炫耀她所拥有的一切，她不告诉人她读过什么书，去过什么地方，有多少件衣服，买过什么珠宝，因为她没有自卑感。"在生活中常常会发现这样的现象，越是身份高的人越谦和，能耐不大的人反而不可一世。人生就是这样，有着很多条轨道，有些轨道永远都不交叉，不同的人有着不同的选择。

其实教养体现在生活的每处细节，如对人是否有不出于客套的礼貌，是否肯原谅别人无意的过失，是否小有成绩就忘乎所以，等等。就是现在常用的即时通讯软件也能折射出一个人的教养，别人发来的微信留言在自己没那么忙的时候能否秒回，别人不是独处时是不是少发点语音让人家方便读取信息，朋友圈里晒的图文是不是那种可能惹起别人厌烦的电子垃圾，这些细微的点滴积累都会在无意中塑造着自己的形象。

有教养是浸润在骨子里的，刻意去装教养将会变累，失去了心灵放松的快乐。古人常提修心养性，现今社会的浮躁和逐利确实污染了很多心灵，心灵的清澈、对万物的喜爱以及对众生的悲悯才是内修教养的前提。

一个人乐善好施，真诚坦率，事事为他人着想等品行会收获越来越多真挚的友情、爱情、亲情等美好情感，这样才会每天被爱包围而内心充满快乐。

让自己每天快乐得不要不要的

快乐的简单获取方式就是先满足自己的感官需求，在经济允许的情况下，可以多来几次买买买。买美味食物，买漂亮衣服，买各种用品，还包括去自己喜欢的服务娱乐类场所进行消费。快乐的体验还包括盘算怎么奋斗才能买上羡慕的房子、心仪的车子，我认为这些都是积极向上的，经济增长需要鼓励消费。

快乐的获得方式还有分享，自己有了美食，读到美文，看到好剧，听到好歌，有了好消息乃至有价值的重要信息，都记得多和好朋友分享，因为分享的结果是别人也会和自己分享。自己独享真的不是好做法，交流才会更加进步，自己藏着掖着的那点秘密可能真心不是什么了不得的东西。譬如说某办公室文员自己偶然发现使用微软 Word 软件编辑文档时在任何一页的四个角连续点击两次鼠标左键就能弹出页面设置对话框（旧版本）；连续输入三个"-"号回车就能划出一条通长直线，他不肯告诉别人。结果很可能是别人还知道在微软 Excel 中怎样隔行自动求和；在一个表格中输入许多组试块的制作日期后在 7 天、28 天龄期会自动变换颜色来提示；在同一个工作表中出现几千行数据时，通过选择性求和几秒钟就验证完上百的小汇总是否存在引用错误也不说给你。把好的东西分享给朋友，会有满足别人的快乐，别人把对等的好东西分享给自己时，会有获得的快乐。

而源源不断的快乐，更多地植根于成就感和获得感。比如考到了自己想拿的证书；比赛中取得了自己渴望的荣誉；工作出色获得上级的褒奖，得到了加薪、升职、奖金等奖赏；自己打拼的事业抓住了新商机或又有了新突破；自己发展兴趣爱好取得了一些成功，如办了一场画展、摄影展、个人演唱会，参演了影视剧，出书等，其艺术水准得到了圈内同行的盛誉。这些给人带来的快乐会更持久，确立明确目标并为之不断奋斗，奋斗过程的充实感以及胜利曙光逼近的激动感都是快乐的不竭源泉。

日常生活中的快乐，可能还来自和志同道合的好朋友结伴出游，经常聚一聚，开开小玩笑，联手谋划如何打拼未来；或者和至亲的人静享家庭的温馨，逗逗孩子、哄哄老人，一起寻找天伦之乐；或者和球友、棋友、诗友、画友、曲友等友人在闲暇之余切磋技艺，不断提高。

让自己每天快乐，不那么难，就这样生活着一定挺好。

等老了，能说句此生值了真好

　　终于敲出了最后想说的一些话，整本书的结构并不是逻辑那么严密，最后仅是排到了最后。这将是坦然、恬淡一生后的美好回味篇。

　　谈到值了，我要隆重推出几位自己膜拜不已的人物，可能不一定每位读者对他们耳熟能详，他们的名字按出生年月排序依次叫徐弘祖、黄永玉、南仁东，我佩服的人里还有陈道明、崔永元等。我从自己狭窄认知范围内挑拣出来的这几位给我以高山仰止感觉的名人看似相互没有联系，但有一个共同点，那就是为自己活了一辈子，且活得精彩、真实，我的评语叫惊为天人。当然趟进历史长河，综观古今中外，我未知的领域浩瀚渺茫，故惶然不敢对更多人妄评。

坦对今生
用且行且思的方式

我首先声明自己不敢说了解他们，因为无论他们生活的年代还是圈子都与我相隔太远，仅把自己接触过的关于这几位重量级人物的传记或坊闻当作真实事件来谈自己的感想和体会，这才是重点。

徐弘祖，一提到他的号——霞客，相信大家都知道说谁了。徐霞客的惊世之作《徐霞客游记》有如落魄书生蒲松龄的《聊斋志异》一样，完胜科举时代芸芸状元的笔墨。大隐隐于市古来有之。

徐弘祖的成就得益于家庭环境，其父其祖对功名之薄视给了他离经叛道的充分资本，这在封建社会尤为难得。且听徐公年少时的豪言："大丈夫当朝碧海而暮苍梧。"父亲的早逝，母亲的大义，让本无法远行的烟霞之客徐弘祖年仅22岁就开启了探览全国河川的心灵之旅。

这一路壮行的波澜壮阔无可辩驳地和旅游划开了明显界限。看看以下几段游历：

嵩山西壁攀援而下的他滑入谷底，奇树、怪石、飞瀑、流云在万道霞光映衬下的奇景让他完全忘记了被山树、石棱划碎衣衫的狼狈，在发现著名西沟奇景面前手舞足蹈。

茶陵麻叶洞中，他秉烛独行至豁然开阔处，在棵棵倒垂的石笋下又一次得意忘形。洞隙中见一老僧端坐方石吸收正午的日精，启发他收获了水晶般剔透的心灵体验。

雁荡山顶为了一探大湖的真伪，他差点跌下悬崖丢了性命。

凭严谨的治学精神，通过实地踏勘纠正了《尚书》中长江源头是泯江的谬传。

他非常善于总结，比如通过对比福建建溪和宁洋溪的水流，得出了"程愈迫则流愈急"的著名地理学论断；通过观察大量的溶洞，最早作出钟乳石是由含钙高的水滴凝聚蒸发而成的这一结论。

之所以说他跋涉山水不是我们普通人所谓的旅游，且听他如何描述自己的游山玩水条件：宿田野、宿山岗、宿野寺、宿岩洞，以地为床、以天为盖、与虫为伍、与猴作伴。无数次身处险境的徐弘祖，对游历山水后描述的自我感受着实让人心驰，摘编几条如下：

那年大雪封山，我数次跌落山崖终于攀上黄山绝顶，放眼四望，景色之壮美让我感到身心澄澈，就是死上九次也值了。

为追到长江源头，我三次断粮险命丧江滩，但找到源头就是金沙江后（不去考证为何不是各拉丹冬），我发自肺腑地感慨找到了即便给个状元也不换的喜悦。

为践君子之诺，徐弘祖忍住脚疾之痛，徒步三年后将静闻法师的《法华经》送至云南鸡足山悉檀寺。除夕之夜，徐仙公于僧房中听得诵经之声飘然而至，感慨万千，不经意间热泪滚下，叹道："此一生已胜过人间千百生。"之后不久，身心澄澈的徐霞客像一片闲云驾鹤西去。

《明朝那些事》的作者当年明月评写徐霞客的人生："所谓百年功名、千秋霸业、万古流芳，与一件事情相比，其实算不了什么。这件事情就是——用你喜欢的方式度过一生。"此句点破之语是阅尽人生百态后的总结，给人带来的震撼直彻灵魂深处。

再推出另一位天降雅士，黄永玉黄老先生。写这位仍健在的老人，我不由地战战兢兢起来，下笔点很难找。我还是以小学生写作文的心态仅记叙从网络上获知的该仙翁有意思的几件生平吧，尤其注意尽可能少出现评论其作品的字眼。此处终于写不流畅了，来回地不知怎么改才好，索性由它去吧。

坦对今生
用且行且思的方式

黄老以画见长，但精于绘画或画境高远者大有人在，让我战兢的不是画作本身，而是他那份超凡脱俗、放浪形骸到能把人傻掉的境界，虽无缘谋面，但见画如面，从他的所言所行亦可窥斑。

写到此处不由地要作几句画评才能顺下去，脑海中竟会浮现出国学大师陈寅恪的经典之句："前人讲过的，我不讲；近人讲过的，我不讲；外国人讲过的，我不讲；我自己讲过的，也不讲。现在，只讲未曾有人讲过的。"把这几句全文录在此就让不懂我的人理解成凑字数吧。

我不参考任何画评，仅廖评一两句，不媚不逐，贵在真实，借此壮胆来不惧耻笑。黄老早年作品《春潮》《阿诗玛》以及《庚申年》等都知名度甚高，其中我最喜欢《春潮》，我无法理解在那个时代进行美术创作时是否受到了历史局限，但这幅版画从线条中爆发出来的力量感让我再次感受到艺术的魅力无穷。在被黄老戏称为鸡下的蛋的汗牛充栋的美术作品中，我看过一小部分，把我折服最深的是《九荷之祝》，也许是近九十岁高龄日臻境化的缘故吧，其色彩之搭配，荷瓣之随心，荷塘之妙缀让我也有了身心澄澈之感。黄老先生的文、字的意境也再次说明艺术相通之理。赶紧收笔换题，好累好累。

回到真正的话题，黄老的画高价售卖，所得随心支配，这点更让我佩服其真性情，远超某些自谓品高如竹梅之人。

2000年，黄老在北京通州徐辛庄建造了文化界大名鼎鼎的"万荷堂"后心血来潮，从德国买了一架马车，不时在这座如今已被其亲手打造成艺术圣殿的京郊住所外的公路上驾乘。2004年，耄耋之年的黄老竟给自己陆续添置了红色宝马敞篷跑车、保时捷911敞篷跑车、路虎发现越野、保时捷卡宴越野以及红色法拉利F430等，人家还非常早就购买了一辆德国原装奔驰S320，还在"万荷堂"养了一大批可能价格吓人一跳的大型犬。在故乡湘西凤凰县、在中国香港、在意大利，都有黄老的仙居。

以上这段记叙如果被理解成拜金，我就干咳一声算回答吧。"用你喜欢的方式度过一生"，重要的话还差第三遍。

南仁东，这又是一座山。读完他，就凑够了三遍。

又回到了好写的地方，用文学味道的字去准确评说自己心目中的艺术理解真的非常难，打字退格再打字，就像过去的磁带盒放不响爱听的歌。

南仁东准院士，FAST之父，就在我写此文往前的两个月，离开了他奋斗了22年建于贵州平塘形如大锅的500米口径球面射电望远镜，俗称"天眼"，享年72岁。

画风转换有点快，还是从头简要说起吧。吉林省理科状元、清华大学真空及超高频技术专业高才生南仁东，美术爱好者南仁东，因为个人又一爱好，不费力地顺利成为读天文学专业的研究生，在荷兰做了两年访问学者再到其他国转了转后，又成了日本国立天文台教授南仁东。1993年，东京国际无线电联盟大会会议期中，怀着一颗拳拳报国心的南仁东教授敲开了中方代表吴盛殷的门，"咱们也建一个吧"，一句朴素的话语拉开了中国天文学领域昂首迈入世界一流国家行列的序幕。

说干就干，南教授辞去已干得风生水起的好工作，在贵州的深山丛林中跋涉了11年，终于找到了一块无任何电磁干扰的圆圆的洼地。无比兴奋的南教授其推销员生活开始了，哈尔滨工业大学、同济大学、电子科技大学、N个国家的科研机构，合作单位的名单越来越

坦对今生
用且行且思的方式

长,南教授执着的奔走和精彩的解说终于换来了国际评审团的表决通过以及2007年国家正式立项,其间遇到过的困难非亲历者肯定不能体会。

下面有句真正让人敬佩的话,FAST项目首席科学家兼总工程师南仁东的助理姜鹏说:"术业有专攻,在这个项目里,你要么不懂天文,要么不懂力学,要么不懂金属工艺,要么不会画图,不懂无线电,这几条你能做到一条就算不错了。但偏偏南仁东几乎都懂。"

全才南仁东是天生如此吗?那是对理想的执着和信念造就的全才。2016年9月25日,6670根主索,1600余吨重的庞然大物终于矗立于祖国西南的深山密林中,捕捉着来自星辰空海的各种信号。这座设备可以观测脉冲星、暗物质、黑洞甚至星外文明,接收137亿光年外的宇宙信号。可以让国人们再次惊呼一句:"厉害了,我的国!"

南仁东老先生用自己的行动诠释了科学家的淡泊与风骨。他为何要这么做?悦己。我绝对地相信,他闭上眼睛那一刻,内心是安详的、坦然的,此生无憾。

陈道明先生是我印象最为深刻的表演艺术家和一位学识渊博、气质脱群的长者。最深刻是源于看了他对《康熙王朝》一剧中康熙爷出神入化的演绎,我自认为演帝王当今除了焦晃老师可同台飙戏外,已无人能出其右。明叔被我列入此生值了的话题人物,不全在对他的艺术成就的崇拜,更在于他接戏时对内心艺术追求的坚持,深厚的艺术造诣给了陈道明老师骄傲的足够资本,因此具备了畅意人生的丰足底气。点赞,必须,还得是一长串。

崔永元的称谓我写的是同志,这是我内心的秘密,不在书中做任何披露。人过中年,秘密像初春的草,越长越多。崔永元以《实话实说》栏目让全国电视观众永远记住了这个名字。经历了一番心灵洗礼后，说实话再次成为他的符号，我相信这次才是更加顶天立地的崔永元。先看下面从别人文章中摘抄的崔事：

发起崔永元公益基金资助贫困地区基础教育、文化、卫生，以及我国非物质文化保护现状等项目。

持续关注中西部乡村教师，并开展乡村教师培训项目。

在北京丰台区南宫宾馆，请所有参加了"7·21"京港澳高速公路救援的154名农民工吃饭。

用自己奖金资助普通人治病，发动同行帮助。

辽宁鞍山抗癌协会"临终关怀"行动。

将拍摄《电影传奇》时得到的大量珍贵资料无偿捐给北京大学图书馆，并帮助建立中国电影资料检索系统……

重磅介绍的是下面的可能已传到很多人朋友圈里的崔事：

崔永元对转基因的深入调查和英勇斗争才是真正让人钦佩的地方。他在全国生鲜电商企业鲜赢多亏背景下，曾为了让民众自救意识觉醒搞过三个有机农场，被人抹黑为在帮自己卖有机食品。崔永元轻松回答，穿透力却是不辩自明的，他说："如果我这个人傻到这种程度，我想挣钱不去挣一剪子200万元的钱，不挣一次演讲150万元的钱，不挣当一次导师100万元的钱，非要倒腾食品，非要做农业，那我也是转基因吃多了！"

我在此想说，人不需要每个人都理解，为理解的人活着就可以了。

书写到这里，不论是不是说完了心里话，就都总结一下吧，天下筵席总有散。

坦对今生
用且行且思的方式

人的一生，能在没走到尽头的时候明白接下来该走的路，自然可以活得比明白之前要精彩，这是不需要任何人鼓掌的精彩。活在别人眼睛里，可能会淹死在别人的口水中。做好真实的自己，永远记得取悦自己，因为漫长也好，苦短也罢，人生道路中最忠诚的、相伴最久的那个人必须是自己，对自己都不尊重、都不爱惜、都不去疼，还能指望别人来疼吗？

善待自己，也是在善待爱自己的人，这些人包括且不仅是自己的家人、友人。

豁达坦然，执着清醒地度过每一天，时过境迁后自会发现很多曾经耿耿于怀的事都没那么重要，生命的真正意义在于曾经付出过、努力过，就像一朵花，我曾恣情怒放，何惧他日枯萎。

人活世上，渺小如尘，引以为豪的成就也好，众星捧月的光环也罢，都终将化为云烟。人生的真正精彩活在每个人的心中，珍惜时光，活得洒脱，多些奋斗，少些计较，才好今生不叹虚度，才好此遭来得值得。

后 记

  本书出版过程中，得到央视记者文晋、山东交通学院硕士生导师赵之仲、湖南安捷新材料有限公司兼山东湖科经贸有限公司董事长陈拥华、同事崔锋等许多好友的无私帮助，尤其是山东高速路桥集团股份有限公司吕思忠书记、张保同副总经理，海外分公司原总经理李超以及李海之书记等领导都给予了大力支持，当代书法名家林理明老人还为本书挥毫题名，谨在此对所有关心和支持过本书出版的领导、同事和亲友们一并深表感谢和敬意！

  今年正值山东路桥迎来七十华诞，聊以此书略尽绵薄之心，向公司献份感恩之礼！